V-Ray　Sketchup　3ds Max　Photoshop　Painter　Piranesi

复合建筑表现画的方法及实例

阮忠　严律己　编著

中国建筑工业出版社

图书在版编目（CIP）数据

复合建筑表现画的方法及实例/阮忠，严律己编著．—北京：中国建筑工业出版社，2010

ISBN 978-7-112-11918-9

Ⅰ．复… Ⅱ．①阮…②严… Ⅲ．建筑设计：计算机辅助设计 Ⅳ．TU206

中国版本图书馆CIP数据核字（2010）第044385号

责任编辑：徐　纺　滕云飞
美术设计：朱　涛
责任设计：姜小莲
责任校对：陈晶晶

复合建筑表现画的方法及实例
阮忠　严律己　编著
*
中国建筑工业出版社出版、发行(北京西郊百万庄)
各地新华书店、建筑书店经销
北京嘉泰利德公司制版
北京画中画印刷有限公司印刷
*
开本：880×1230毫米　1/20　印张：$8\frac{3}{5}$　字数：260千字
2010年6月第一版　2010年6月第一次印刷
定价：65.00元(含光盘)
ISBN 978-7-112-11918-9
　　　(19175)

版权所有　翻印必究
如有印装质量问题，可寄本社退换
(邮政编码 100037)

目 录

绪论 ———————————————————— 1
一、复合建筑表现画的概念 ——————————— 2
二、复合建筑表现画的复合性体现 ——————— 3
三、复合建筑表现画的实践意义 ———————— 5
四、如何使用本书 ——————————————— 6

第一章 ———————————————————— 9
复合建筑表现画绘制的基本流程

一、复合建筑表现画创作应具备的手绘能力 —— 10
  1. 对画面形式的认识 ————————————— 10
  2. 画面的素描关系 —————————————— 12
  3. 画面的色彩关系 —————————————— 13
二、复合建筑表现画创作需掌握的
    绘图软件简介 ——————————————— 15
  1. 熟悉 Sketchup 的基本内容 ————————— 16
    1.1 Sketchup 6 的界面 ——————————— 16
    1.2 Component（组件）与 Group（群组）—— 18
    1.3 Sketchup 的导入与导出 ———————— 22
    1.4 V-Ray for Sketchup ——————————— 25
  2. 熟悉 Painter 的基本内容 —————————— 31
    2.1 Painter 的界面 ————————————— 31
    2.2 特色内容介绍 ————————————— 32
  3. 熟悉 Piranesi 的基本内容 ————————— 37
    3.1 Piranesi 4 的界面 ———————————— 37
    3.2 Piranesi 的应用 ————————————— 40
  4. 相关硬件简介 ——————————————— 43

    4.1 符合需求的主机 ————————————— 43
    4.2 绘图帮手——鼠标与数位板 ——————— 43
    4.3 辅助设备——扫描仪与打印机 —————— 44
三、复合建筑表现画的基本步骤 ———————— 44

第二章 实例解析一 ———————————— 45
大跨建筑的表现

一、画面形式的分析 —————————————— 46
  1. 统一协调 —————————————————— 46
  2. 秩序关系特点明晰 ————————————— 46
二、所选用方法的分析 ————————————— 46
三、作画的主要步骤 —————————————— 46
  1. 用 Sketchup 建立模型 ———————————— 46
    1.1 模型分析 ———————————————— 46
    1.2 上部制作 ———————————————— 47
    1.3 下部制作 ———————————————— 48
    1.4 连接部分制作 —————————————— 50
  2. 用 V-Ray for Sketchup 渲染模型 ——————— 51
    2.1 建立关联材质 —————————————— 51
    2.2 创建灯光 ———————————————— 52
    2.3 测试渲染 ———————————————— 53
    2.4 渲染输出 ———————————————— 54
  3. 用 Sketchup 导出图像 ———————————— 55
  4. 用 Photoshop 复合表现 ——————————— 56
    4.1 合并图像 ———————————————— 56
    4.2 调整色调 ———————————————— 56
    4.3 画面调整 ———————————————— 57
  5. 另一种复合形式 —————————————— 59

第三章 实例解析二 — 63
别墅的表现

- 一、形式的分析 — 64
- 二、所选用方法的分析 — 64
- 三、作画的主要步骤 — 64
  - 1. 用 3ds Max 渲染基础图像 — 64
    - 1.1 从 Sketchup 到 3ds Max — 64
    - 1.2 给对象赋材质 — 65
    - 1.3 相机的设置 — 66
    - 1.4 灯光的设置 — 67
    - 1.5 渲染图像 — 67
    - 1.6 通道的制作 — 67
  - 2. 配景手绘部分制作 — 68
  - 3. Photoshop 后期制作 — 69
    - 3.1 合并图像文件 — 69
    - 3.2 调整主体建筑 — 69
  - 4. 用 Painter 绘制水粉的风格 — 71
    - 4.1 水彩效果的处理 — 71
    - 4.2 阴影的处理 — 72
    - 4.3 局部的克隆 — 73
    - 4.4 强调过渡和对比 — 73
    - 4.5 对材料的刻画 — 74
    - 4.6 强调面的转折 — 74
    - 4.7 阳台细部的刻画 — 75
    - 4.8 天空的处理 — 75
    - 4.9 路面的画法 — 76
    - 4.10 植物等配景的处理 — 76
    - 4.11 添加人物 — 81
    - 4.12 调整画面关系 — 83
    - 4.13 添加画面肌理 — 83

第四章 实例解析三 — 85
会所的表现

- 一、形式的分析 — 86
- 二、所选用方法的分析 — 86
- 三、作画的主要步骤 — 86
  - 1. 完成基本的图像处理 — 86
    - 1.1 在 3ds Max 完成正图的渲染 — 86
    - 1.2 线条图的渲染 — 87
    - 1.3 在 Photoshop 中合成图像 — 87
  - 2. 在 Painter 中克隆图像 — 88
    - 2.1 设置纸张的颜色和纹理 — 88
    - 2.2 完成风格化的图像克隆 — 88
  - 3. 线条和图像合成与处理 — 89
    - 3.1 线条和图像合成 — 89
    - 3.2 线条表现的处理 — 89
  - 4. 添加人物配景 — 90
    - 4.1 设置颜色集 — 90
    - 4.2 人物配景的处理 — 90

第五章 实例解析四 — 93
高层办公建筑的表现

- 一、形式的分析 — 94
- 二、所选用方法的分析 — 94
- 三、作画的主要步骤 — 94
  - 1. 基本图的渲染 — 94
  - 2. Photoshop 中基本的处理 — 95
    - 2.1 基本图的合并 — 95
    - 2.2 环境配景的合成 — 96
    - 2.3 主体建筑的调整 — 97

3. 在 Painter 中处理 —— 99
   3.1 快速克隆 —— 100
   3.2 局部刻画 —— 101

第六章 实例解析五 —— 105
办公建筑公共空间室内设计的表现

一、形式的分析 —— 106
二、所选用方法的分析 —— 106
三、作画的主要步骤 —— 106
  1. 用 V-Ray for Sketchup 渲染模型 —— 106
    1.1 V-Ray for Sketchup 室内渲染技巧 —— 106
    1.2 建立关联材质 —— 106
    1.3 布置灯光 —— 109
    1.4 选项设置 —— 110
    1.5 输出图像 —— 111
  2. 后期制作 —— 112
    2.1 画面肌理的添加 —— 112
    2.2 图像间的克隆 —— 113
    2.3 线条图层的添加和处理 —— 114
    2.4 玻璃幕墙外配景的添加和处理 —— 115
    2.5 人物配景的添加和处理 —— 116

第七章 实例解析六 —— 119
办公建筑大堂室内设计的表现

一、形式的分析 —— 120
二、所选用方法的分析 —— 120
三、作画的主要步骤 —— 120
  1. 使用 3ds Max 制作底图 —— 120
    1.1 从 Sketchup 到 3ds Max —— 120
    1.2 使用扫描线渲染器渲染底图 —— 121
  2. 后期制作 —— 125
    2.1 图像绘制前的基础工作 —— 125
    2.2 延展画面的界面 —— 126
    2.3 画面整体明暗和色彩的调整和绘制 —— 127
    2.4 局部的刻画 —— 129
    2.5 人物和绿化等配景的绘制 —— 131

第八章 实例解析七 —— 135
办公建筑的表现

一、形式的分析 —— 136
二、所选用方法的分析 —— 136
三、作画的主要步骤 —— 136
  1. 使用 Piranesi 表现马克笔效果 —— 136
    1.1 前期准备 —— 136
    1.2 绘制墙面 —— 137
    1.3 表现主体玻璃幕墙 —— 138
    1.4 表现建筑辅助部分 —— 139
    1.5 细部刻画 —— 141
    1.6 绘制天空背景 —— 142
  2. 在 Painter 中进行后期处理 —— 143
    2.1 在 Painter 中的准备 —— 143
    2.2 画面调整 —— 144
    2.3 配景描绘 —— 145

第九章　实例解析八
内容复合表现 —————— 149

一、形式的分析 —————————————— 150
二、所选用方法的分析 ————————————— 150
三、作画的主要步骤 —————————————— 150
　　1. 素材准备 ——————————————— 150
　　　　1.1　平面图素材 ——————————— 150
　　　　1.2　透视图素材 ——————————— 151
　　　　1.3　立面图素材 ——————————— 153
　　2. 后期合成 ——————————————— 153
　　　　2.1　在 Photoshop 中进行复合 ————— 153
　　　　2.2　在 Painter 中深化 ———————— 157

后记 ——————————————————————— 160
参考书目 ————————————————————— 161

绪 论

从作画的方法上来讲，建筑表现画可分成两大类：手绘建筑表现画和计算机建筑表现画。

手绘建筑表现画可采用多种不同的作画材料，常用的可以分类为：铅笔画、钢笔画、水彩画和水粉画等等。即使用同一种材料和方法，由于作画者的个性差异，画面的风格和形式也可以迥然不同。

由于计算机绘图软件的发展，在模拟真实场景的材料和光影方面，计算机建筑表现图已经达到了令人信服的程度。另一方面，电脑建筑表现画的易修改性和程序化操作所带来的快捷也受到业主和广大设计师们的青睐。

对于成品性的建筑画来讲，无论采用什么方法，它都具有一定的商业属性。因为它是为推销设计成果服务的，它所采用的形式要看它所服务对象的文化背景。建筑表现画又是设计或营销中的一个环节，本身也是一种产业，制作有一定的时间限制，程式化的操作流程是保证作品在短时间内完成的重要方式。与此同时，建筑画也属于艺术的范畴。它要求作者采用不同风格的表现画形式去展示不同的建筑设计概念，使人们在观赏以后能对设计的效果和特点有全面的了解并能产生愉悦的视觉享受。

在当今国内建筑界的设计招投标中，风格雷同的建筑表现画可谓比比皆是，这是不是我们太拘泥于自认为成熟的模式，从而忽视了表现方面本身的创造性呢？人类的情感是丰富的，这决定了她观察世界的角度和得出的印象同样也应该是多样的，因此，人的审美本质是追求艺术形式的多样化，从某种意义上讲又是求新的。横向比较国外同行，建筑师参与表现画风格的选择，有的甚至于自己绘制，这样的结果就是从设计本身到方案的表达都能体现出设计师对艺术形式的追求及设计成果鲜明的个性。所以，国内建筑表现画风格雷同的原因不是业主们对那些逼真的自然主义风格情有独钟，而是我们忽略了表现画艺术的特征，仅仅把它当作商业的产品而已。

由于建筑画的主题——建筑本身造型有一定的复杂性，难于一挥而就，而市场所要求的最好能在较短时间内能够完成。所以，在日常的设计招投标中，手绘的作品越来越少。是不是设计市场真的不需要手绘的表现画了呢？答案当然是否定的。设计师的培养和方案的交流、推敲深化需要手绘能力，这里无需赘述。仅从向业主推销楼盘所制作的售楼书来讲，经常需要具有手绘风格的表现画，因为手绘的形式是艺术的积淀，它所包含的创作者的激情与观赏者的情感有一种天然的联系，是一种好的表现模式，它不应该也不会因为制作上的"不合时宜"逐渐消亡，与此相反，在程式化的表现方式充斥设计市场的大背景下，它具有文化艺术品位的魅力，使人看了倍感亲切。

当我们面对的工程项目越来越多，时间越来越紧迫，使用计算机绘图是必然的选择。但用计算机就不能画出具有个性和亲和力的作品吗？答案当然是否定的。关键的因素是如何能动地使用计算机的软件。近年来，绘图方面的计算机软件功能越来越强大，它既可以模仿各种手绘的效果，又能制造出常人难以想象的表现形式，或者虽然能够想象到，但在现实中用手绘难以表现出的效果。所以，只要作者对艺术的表现形式具有一定的想象力，已经掌握了基本的手绘技巧，就有可能把手绘中的形式移植到现有的计算机效果图之中；也可以把手绘中一些作画技法与软件的功能特点结合起来；或者，通过已有的计算机生成的图像资源和特殊效果，运用形式法则，创造新的表现形式。在这里，我们不妨将这些称作为复合建筑表现画。

一、复合建筑表现画的概念

复合建筑表现画是由于运用了多种手法或者多种材料综合表现建筑设计所形成的个性化的建筑画。它的形式多种多样，既可以是以往经典的形式，又可以是完全创新的形式，但作画方法有别于一般传统和常规的方法。这里的多种手段是指计算机方法和手绘方法的结合或混合运用，也可以是指运用了不同的计算机软件。多种材料是指不同形式的绘画元素和内容。按以上的概念，目前业界流行的电脑表现画也应该称为复合建筑表现画。但请注意，笔者还重点强调"个性化"。就是说，这里的复合建筑表现画的表象应是人为主观的特征更为明显，注重个性的张扬和画面形式的独特性。所以，业内流行的自然主义倾向的电脑表现画不属于本书讨论的范围。

与手绘建筑画的创作相比较，一般的计算机建筑画的制作有五个特点比较显著：一是精确和细腻；二是对于重复的元素绘制效率极高；三是能充分利用已有的素材；四是对于同一张表现画能够进行团队合作制作；五是制作过程的程序化倾向明显。正是由于这些因素使得一般的电脑建筑画呈现出一种严谨的机械美感。虽然不同的个人或公司绘制的水平参差不齐，但在国内，它们总体上的风格比较相似。

在倡导多元审美观，提倡创新意识的大环境下，建筑表现画的形式理应也是多样化的。而丰富形式的方法之一就是改变创作的方式，将作画的方法朝复合、综合的方向演变和发展；同时在这种复合方法的影响下，原来的经典的表现形式会获得新的发展契机，其内在的形式元素和效果显现也同样会随着方法的变化而逐渐向新的境界演变。可以这么说：建筑复合表现画的艺术形式是设计艺术不可分割的一个组成部分，它的形式风格也是当代审美观念的缩影。

建筑表现画的制作方式朝复合方向演变的另一个原因是利用电脑绘制和合成的表现画，无论是手绘风格的，还是其他个性化的风格，从操作的简便性和用时上综合考虑，对于设计本身来讲，有利的方面更多。比如画一张素描风格的表现画,从起轮廓到上明暗,整个流程的时间消耗非常长,而且,作画中的多数时间,主创作者必须参与。相比较而言,绘制复合表现画,主创作者主要负责后期的图像处理和电脑上的手绘工作,相当部分的模型工作完全可以借助于设计过程中的成果。

也许有人要问"用计算机去画手绘的形式,使已经掌握了手绘技法的作者还得去学计算机软件,这不是将问题复杂化了么?"糅合了手绘风格的计算机复合表现画毕竟不是手绘表现画,手绘的因素和计算机的因素不同的程度的叠加形成无穷的风格演变,虽然似手绘风格,但它一定在计算机效果的基础之上为手绘的形式增添了新的内容和新鲜感觉。掌握软件无疑能丰富自己的表现语言。其次,因为建筑表现画是一种含有商业目的的设计绘画,它的主要目的是表现设计的内容,所以,设计中的更改连带着表现画的修改,并且业主可能在色彩或者环境氛围上也往往有自己的一些主张,从这个调整和修改的角度来讲,手绘风格的计算机复合表现画也比纯手绘的表现画来得方便。每一次,用计算机绘制手绘风格的表现画也是作者个人手绘素材积累的过程,也许不用经历太久的时间,作者就可以用自己的配景素材在较短的时间内创作出用纯手绘的方法难以想象的丰富的艺术效果。

回顾历史上绘画艺术的演变过程,不能讲现代的形式比过去的风格更为先进,所谓过去的风格能够沉淀下来正是迎合了人类心灵对美的需求。艺术的先进性与使用技术先进性是没有必然的联系,但我们应利用当代的技术手段来服务于人类对美的多样性的追求。

二、复合建筑表现画的复合性体现

概括地讲,用复合方法表达建筑的目的:一是继承传统建筑画那些鲜明的个性化的风格,但要简化它们制作上复杂的程序;二是新颖形式的创造。为了充分发挥复合手段的视觉效果,让我们先来分析一下建筑表现画的形式构成。

在一般的建筑画的创作中,明暗、色彩、线条和肌理是画面形式创造的四大要素。有的形式关注明暗;有的形式注重明暗和色彩的结合;有的强调线条;有的似乎是一般的形式,但加入了特殊的肌理后呈现出耳目一新的感觉。即使一种形式主要由明暗关系来表现,但强调了明暗层次中的某些因素就能影响人对形式的知觉和感受。电脑的线条有机械美,人为手绘的线条具有抒情性,它们能互相替代吗?因此,当在这些要素中融合了某些人为的性格因素,或者加入了个人对美的规律特别的认识,就能对画面的最终形式感产生影响。

人的审美观念的发展不是直线型的，它往往是螺旋型上升的，有时也有回归过去的倾向。当我们用新技术去表现过去的传统经典形式，那种风格形式在当代的背景之下，就会产生超过它原来所具有的视觉意义。从这个角度也不难理解，在技术高度发达的西方，手绘的表现形式为什么还是极富生命力的。

画面的内容也影响形式的知觉。建筑表现的内容不仅仅就是透视，它还包括平面、立面和剖面等等内容，将这些部分有机地组织在一起也可以成为一张完整的表现画。

原来是在统一的光照环境下进行形象的塑造，但当我们通过拼贴，有意控制画面元素的形态张力和视觉秩序，也能形成非常新颖的形式效果。

计算机不仅能使我们创作出原先想得出但用手绘方式绘制起来可能非常麻烦的效果，同时，还引发了对新的形式的想象。但它也会削弱了作画风格中个人的人为因素。鉴于此，将计算机的绘图功能、图像处理功能和个性化的手绘语言相结合，在计算机这个便于操作的工作平台上进行复合建筑表现画创作应该是今后建筑表现画发展的趋势。

复合建筑表现画的复合性主要体现在：

1. 方法的复合。即用手绘的内容经扫描成为电子文件，在电脑中与计算机绘制的内容进行组合，并用绘图软件进行调整。也指用绘画的软件对三维软件的生成内容进行再处理，形成具有手绘效果的表现画。

2. 内容的复合。为了诠释设计的需要，将设计的相关内容按主次关系、形态关系和色彩关系等画面构成要素进行组合以形成一个完整的画面效果。如：平面、透视和文字的组合，模型、图纸元素与相关图像照片的组合等。

3. 软件效果的复合。就是通过软件本身形成不同形式元素的重组，改变人们一般的心理预期；或者改变画面某些内容属性，形成对画面元素视觉秩序的主观干预，产生个性鲜明的混搭拼贴效果。这种复合效果形式的主要特征大致可以概括为：第一，软件生成的轮廓线和经过肌理处理的三维渲染图的复合；第二，不按照现实世界的材质真实透明程度，而是将环境中所要表达的建筑的材料，按画面形式的需要调节其透明度并渲染成图，再在图像处理软件中与不同透明度的配景进行组合，形成透叠的复合效果；第三，将主体图像渲染成机械性的风格，再把这种图形与真实的环境照片相组合形成装饰味的复合效果。实际上，软件形成的复合效果形式非常多样，以上的三类形式也不是泾渭分明。随着对艺术形式规律认识的深入，笔者相信这种复合效果会越来越得到专业人士的青睐。

从以上复合表现画的特征来看，研究学习复合表现画的内容主要包括两个方面：一是认识复合表现的形式以及内容组织的整合上有什么规律可循；二是熟悉某种形式效果技法的如何使用。

复合的建筑画不在于用了多少种方法，关键在于对于复合后效果的设想，有了设想就会去选择所要运用的语言。当然对于不同的手法所能形成的效果，也反过来促使对于复合效果的想象。

三、复合建筑表现画的实践意义

运用复合的方法进行建筑表现画的制作，其直接的结果是促使当代的建筑表现形式朝多元化的方向发展。传统的手绘形式在结合了新的计算机的技术后，不仅使原先的艺术效果重新被彰显，而且新的作画方式会使更多的其他效果融合到传统经典的表现形式之中，从而使传统形式本身上升到一个新的高度。

不同的绘画种类包含不同的技巧之美：水彩有水彩的技巧，油画有油画的技巧。其技巧上的不同特点是其艺术价值不可缺少的组成部分。复合建筑表现画所含有的技巧和方法与一般意义上的建筑表现画的技巧和方法是有区别的，因为它包括了软件本身的技术之美和使用方法。因此它能体现不一样的技巧感染力和时代感，拓展建筑画新的审美价值，也孕育着某种新风格诞生的可能性。"技术的影响到处都是如此。它提高新的手段，而这些手段也提出一些目的，包括审美目的在内。技术的发展给艺术展开了新的天地，这不仅有助于艺术家的活动，因为他具有了新的表现手段，而且有助于观众的感觉，使观众发现了新的天地。"（《美学与哲学》[法]米盖尔·杜夫海纳著）

因为运用了计算机作为工作平台，内容性的复合建筑表现画制作起来比用手绘制作这类表现画要简便得多，而且艺术效果更为丰富。内容性的复合建筑表现画能够使设计表现包含更多的设计成果或演绎设计的过程，易唤起观赏者的联想，并通过设计表现促使设计进一步朝着纵深发展。

复合是一种作画的方法，也是一种开放的设计语言组织模式，它必然使人性化的表达方式融合了数字化的现代性，使数字化的表现方式突显个性化的光彩。

设计的思维方式需要复合，一个设计师的形式创造性并不完全体现在要创作一个全新的作品。通过对已有要素的重新认识，经过筛选和整合，处理它们不同的组合关系以建立新的视觉元素心理秩序，使作品在现实的环境和历史长河中获得认可，这也是一种创造方式。因此，复合建筑画的实践也包含着对艺术形式规律的认识把握和创造能力的培养，是一种将复合思维的方式纳入创造性思维的过程。当计算机的丰富功能拓展了表现模式的时候，也使我们设计表现的意象思维上升到一个新的境界。有什么样的表现内容，就要求有与之相适应的表现形式。然而，表现形式也不是被动的，表现形式经复合后的多样性和生动性反过来影响设计艺术思维的形成和最终设计成果的物化。

建筑设计和室内设计的最终效果也往往是复合的。比如，商业建筑的立面包括的不仅仅是纯粹的建筑元素，在它的上面还有广告和商店的招牌等元素；室内设计的效果也包括设计师所选择的灯具、陈设、软装饰，甚至绘画和雕塑的作品等。因此，从整体上控制这种复合的效果和在这种复合效果的要求下从事不同层面的设计工作是不同设计师都应具备的素质。从这个角度上讲，在复合建筑表现画的制作或者作画过程中，对画面元素和内容的裁减以及对组合形式的判断——这种画面形式创造的能力与当代设计师所要求具备的形式复合能力，本质上是一致的。

目前，专业建筑院校的建筑表现教学主要分成手绘和计算机两大块，手绘的教学重点是放在造型的塑造方面，计算机的建筑表现主要是讲授软件的使用。由于教学时间的限制，对于画面形式的认识和创造就成为表现画教学方面的一个薄弱环节。笔者认为在表现画教学中加入复合建筑表现的内容不仅能提高学生的设计表现能力，而且使手绘的内容和计算机绘图知识得到有机结合和总结，使得教学过程更加强调思维的创造性和主观能动性，从而使建筑画的教学真正能做到"与时俱进"。

四、如何使用本书

除绪论以外，本书主要由九个章节构成。

第一章 简要论述了手绘建筑表现画的相关知识与进行复合表现画创作所需掌握的计算机软件的特点及运用技巧。

第二章 以大跨建筑为例，讲解了使用 Sketchup 建模的方法与 V-Ray for Sketchup 的室外渲染方法，并运用 Photoshop 对图像素材进行复合表现画创作的技法。

第三章 以别墅为例，讲解了从 Sketchup 导入 3ds Max 的方法，并使用 Painter 与 Photoshop 进行水粉效果复合表现画创作的技法。

第四章 以现代风格会所为例，讲解了运用 Painter 的克隆功能进行风格化复合表现画创作的技法。

第五章 以高层办公建筑为例，讲解了运用 Photoshop 处理建筑效果图的基本技巧，并使用 Painter 进行素描风格复合表现画创作的技法。

第六章 以公共空间室内设计为例，讲解了 V-Ray for Sketchup 室内渲染方法，并使用 Painter 的克隆功能，进行彩色铅笔风格复合表现画创作的技法。

第七章　以办公入口大堂室内为例，讲解了以3ds Max的渲染图像和手绘线描图为素材，使用Painter进行透明水彩画风格复合表现画创作的技法。

第八章　以办公建筑为例，讲解了使用Piranesi和Painter进行马克笔风格复合表现画创作的技法。

第九章　以古典风格建筑为例，讲解了运用多种软件对多种素材进行内容性复合表现创作的技法。

本书在论述各种风格的复合建筑表现画创作技巧的同时，还对画面形式的规律性知识进行了总结和探讨。

有关建筑计算机建模、材质贴图、渲染和基本的后期制作方法在个别实例中进行了重点介绍。对于实例中相似的制作过程作了省略，这样可以提高本书的精炼程度，但不影响整个技法和步骤讲解的完整性。随书赠送的光盘包括了所有实例的Sketchup模型、供后期处理的基础图像以及完成后的图像文件，读者可以依照本书所阐述的方法步骤进行练习，也可以直接使用自己的模型进行实践。至于实例后期制作相关的配景图片资料，因为与目前市场上现有的资料相类似，就不重复提供了。

建筑表现画的创作不仅服务于建筑设计，也是一种艺术的创造。要从必然王国走向自由王国仅从本书获取经验和知识还远远不够，希望读者在阅读本书的同时，要从多种渠道品读艺术作品，开拓形式创造的眼界，广泛参考其他相关软件的使用手册和书籍，这样才能使学习更加有效。

第一章 复合建筑表现画绘制的基本流程

- 复合建筑表现画创作应具备的手绘能力
- 对画面形式的认识
- 画面的素描关系
- 画面的色彩关系
- 复合建筑表现画创作需掌握的绘图软件简介
- 熟悉 Sketchup 的基本内容
- Sketchup 6 的界面
- Component（组件）与 Group（群组）
- Sketchup 的导入与导出
- V-Ray for Sketchup
- 熟悉 Painter 的基本内容
- Painter 的界面
- 特色内容介绍
- 熟悉 Piranesi 的基本内容
- Piranesi 4 的界面
- Piranesi 的应用
- 相关硬件简介
- 符合需求的主机
- 绘图帮手——鼠标与数位板
- 辅助设备——扫描仪与打印机
- 复合建筑表现画的基本步骤

要画好复合建筑表现画最为关键的应把握好两点：一是掌握一定的手绘能力，理解画面的形式美；二是熟悉计算机绘图软件的使用方法，包括建模和后期制作方面的软件，选择便捷的方法把理想的形式和风格表现出来。

一、复合建筑表现画创作应具备的手绘能力

1. 对画面形式的认识

对于建筑表现画的画面形式来讲，不能无视这个项目的特点和业主的喜好，将自认为合适的形式往上套就可以了，而是要看所选择的形式是否有利于传递设计的概念和意象以及与此设计其他图纸形式的关系，正是对这些因素的思索，才能正确选择画面形式和能动地创造形式。

对于具体画面的形式，不仅要理解基本的形态造型的方法，而且要从形式关系元素秩序的角度去认识画面形式的构成。成品性的建筑表现画的形式既要有韵味又要关注客观的准确性，这与一般的绘画所追求的以表现主观感受为主的形式有较大的区别。一般的绘画为了直抒心意可以运用夸张、变形甚至抽象的方法进行艺术形式的创造。但在建筑画的创造中，主体形象必须要准确地反映设计意图，配景的添加也必须依据环境设计的状况和以衬托主体设计为主要目的。但这并不是说对画面形式的创造无所作为，还是可以从线条、明暗、色彩和肌理等方面对形式元素进行梳理和组织。线条和明暗是造型的基本手段，可以直接进行一张表现画的创作。色彩和肌理犹如烹调用的佐料，将它们有机地组织在一起，就有可能创作出丰富多彩的表现形式。安排好构成画面元素的视觉对比关系，强调或者削弱甚至于取消某种元素，这对于画面最终的形式显得至关重要。正如卡西尔认为：科学在思想上给人以秩序，道德在行为上给人以秩序，艺术则在感觉和理解方面给人以秩序（摘自《情感与形式》P3译者前言）。图 1-1 的画面形式主要由界面的明暗渐变所构成，画面四周的虚化显得形式轻松活泼；相比较而言，图 1-2 以较浓重的色彩和笔触肌理表现了新古典主义建筑风格的典雅，从而产生对郊外别墅那种浪漫生活的联想；图 1-3 的形式来源于墨线与富有机械味的马克笔笔触的有机结合；图 1-4 的形式则是电脑软件的固有形式和不同透明度图像的叠加组合；图 1-5 在电脑渲染的基础之上增加了手绘勾线，从而使形式意味发生了转变；而图 1-6 通过改变某些环境中常规的色彩搭配，如画面中的蓝天画成了黑色，并通过调整图像的透明度，使得画面中的元素的视觉秩序发生了变化，进一步突出了建筑主体，削弱了配景，进而使形式产生了新颖别致的感觉。

图 1-1　某商业建筑室内设计表现

图 1-2　别墅表现

图1-3 表现习作（作者：李晨）

图1-5 某住宅建筑设计（PCAL 提供）

图1-6 某住宅建筑设计

图1-4 某商业建筑设计

以上分析可以看出，一般的成品建筑表现画虽然较理性，但它的形式还是丰富多样的。从作画的方法上讲，仅用手绘的方式是可以画出多种的形式变化，但是，建筑表现画是服务于设计，它的制作有时间上的限制。它又是商业性的绘画，还不得不考虑经济投入的问题，况且有好的简便的方法为什么不采用呢？在计算机的平台上运用复合的方法进行表现画的创作，对于画面形式的元素一般都能进行效果的控制，同时它还利用软件特有的效果和各种成果进行合成制作，因此，从这个角度来讲，复合建筑画的形式创造比一般用单一的方法更加丰富且方便。

从复合表现画的效果来分析，所掌握的方法和手段越多，那么，可能产生复合的形式也越丰富。因此，掌握技巧应从手绘能力和计算机绘图软件的使用两方面着手。

虽然对于手绘能力的培养主要通过勤学苦练，但在思想意识上明确一些规律还是有益的。

2. 画面的素描关系

在素描方面，首先应重视整张画面的明暗设计，这一点往往被忽视。生活中的自然景观的明暗关系由于光照的统一和物体之间远近的有序变化，形成的环境明暗关系往往是有规律可循的，它总有一个区域相对其他地方而言深的因素多一点，也还有一个区域相对其他地方而言浅的因素多一点，这就是画面明暗关系的两极。从画面秩序关系的夸张角度而言，为了取得精彩的艺术效果，应该强化这种对比关系，其他方面的明暗构成应服从这层关系，这就是整张画面的明暗秩序的安排。根据对象的不同和环境的不同，可以将画面处理成四周深，中间淡；或者中间深，四周淡。也可以是上面深的为主，或者下面深的为主。图1—7把处于画面视觉中心位置的床处理成为画面的最亮处，空间四周略暗，有序的明暗迅速吸引了观者的视线，再结合斜屋顶和床边桌子暗部的映衬，使得整个画面的明暗不仅有序而且富于变化，有渐变又有突变，这样的画面明暗表现来源于生活又高于生活。总之，你

图1—7　表现习作（作者：奚秀文）

必须赋予画面一个有规律可循的明暗关系，有了这个意识，画面中的不同对象和背景才能容易融为成一个有机整体。

从另一个角度来讲，画面明暗的秩序也就是黑、白、灰的相对集中布局，在这一思路前提下还要注意它们的相互交错，因为交错才能形成丰富的变化。图1—8中的黑色相对集中画面的中部，但其中也夹杂着部分亮色，如窗户玻璃、受光的墙面、家具和陈设。丰富的明暗变化塑造了细节也突出了视觉中心，使得画面的虚实节奏恰到好处。当然，过多的交错有可能破坏整体明暗的秩序感，从而使画面显得零乱。

对于具体对象的明暗刻画，五个层次（受光部、中间层次、明暗交界线、反光和阴影）中的阴影绝对不能忽略。画面由黑、白、灰构成，那么，阴影属于画面中黑的部分。没有把阴影画准，或者遗漏，那么，整张画面将失去生命力。况且，将画面构图以外对象的阴影组织到画面之中，还起到平衡构图和丰富画面空间层次的作用。在有的用马克笔绘制的表现画的形式中，把对象的阴影处理成简单的黑色，反而使得建筑暗部色彩显得透明。由此可以得出，处理画面的明暗关系，不仅要依据现实生活中的明暗规律，而且要考虑画面形式的需要。五个层次中另外一个需要强调的是明暗交界线，初学者知道它是五个层次中最深的，

图1-8 表现习作（作者：赵娟）

但关键之处是它还有深浅和虚实变化。现实中，这种规律有时不太明显，但在画面的处理上，应把这种典型的规律和美感夸张地表达出来，就能使画面显得生动活泼。图1-8中不仅明暗交界线而且亮部和中间色的交界线都注意了深浅的变化，整个画面虽然用的笔墨不多，但刻画显得深入而且耐看。

3. 画面的色彩关系

对于画面的色彩，首要需要把握的是色调，也就是画面总的色彩倾向。是冷，还是暖，具体的色相是什么，这些都促使人的视觉迅速被吸引并能产生情感共鸣。图1-9表现黄昏下的港口景色，金色的阳光使得整个画面呈现橙黄的暖色调，反映了作者对未来美好生活的一种憧憬；图1-10的冷色调烘托了宁静安逸的生活氛围。色调有助于建构环境的气氛，这不仅是画面的重要内容，也是设计的内容。色调构成了画面色彩和谐的基础，它既可用同类色、相似色建构；也可用互为补色的色彩来构成。著名色彩教育学家伊顿做过一个实验：当人的视觉盯着一块方形的红色看一段时间，眼睛闭起来，脑海中就会呈现一块大小相同的绿色。这也就说明了人需要通过补色使视觉恢复平衡，所以色彩的和谐包括补色关系。当光照带有色彩时，物体的暗部往往略带光照色的补色。从这一角度来讲，

画面色彩的和谐也是对立统一的关系。图1-11的色调就是运用同类色组成的，黄褐色反映了乡村那种质朴的环境气氛；图1-12的白墙暗部运用了阳光的补色，局部的冷色和其他暖色形成了对比，使得画面的色彩斑斓而且绚丽。

了解了色彩和谐的含义以后，还应熟悉调节画面色彩效果的三种色彩对比：即色相对比、纯度对比和明度对比。

色相对比即不同颜色面貌的差异所形成的对比。初学者的习惯思维记住的物体固有色往往很丰富，但

图1-9 港口景色一（作者：【西】萨尔瓦多·达利）

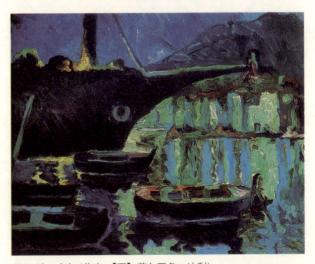

图1-10 夜色（作者：【西】萨尔瓦多·达利）

图1-13 表现习作(作者:陈羽)

图1-11 海之雾(作者:【美】安德鲁·魏斯)

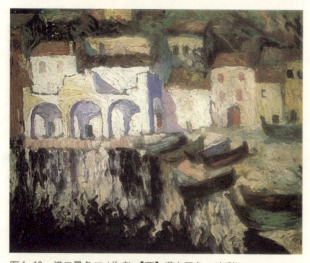

图1-12 港口景色二(作者:【西】萨尔瓦多·达利)

画面中的色相变化过多就不利于色调的形成,因此,对于色相过多的画面,作画者更应该找出它们相似的方面;相反,对于色相单调的画面,作画者则应该把色彩之间的区别表现出来。对于画面整体色彩构成关系来讲,当用相似的色相来表达常人原以为应该色相有区别的对象时,就能使色彩构图赋予一种主观的特点,更具有艺术魅力。图1-10也运用了色相对比的手法。

纯度对比是指颜色之间鲜艳度的对比。对于建筑表现画来说,一般高纯度的颜色不宜多,不然,易产生画面色彩"火气"的毛病。当高纯度的颜色用于局部的点缀,就成为画面活泼的因素,这也是色彩构图中经常使用的方法。图1-13中间的墙面和摆设所用的色彩纯度较高,但周围大面积的黑色和白色不仅使得高纯度的颜色在并置时有了和谐过渡,而且纯度的对比更加使纯度高的颜色显得漂亮。

明度对比即颜色本身所含的黑白深度的对比。把两种不同色相颜色并置,它们的明度对比会呈现迥然相异的特点。如黄与紫,明度对比相当强烈,而红与绿,明度对比就很弱。从色彩学上来讲,当两种颜色色相对比很强烈时,将它们的明度处理成接近效果,就容易取得色彩之间的和谐。如把上述黄与紫对比中的紫色掺入白色,当它的明度与黄色接近时,它们的关系也就和谐了。通过关注色彩的明度,要求准确表达色彩本身所包含的明度对比关系,这样能使画面产生良好的素描关系，又可以通过调整色彩的明度，使相互排斥的色相之间，取得微妙的和谐关系。图1-14运用浅黄色表现室内的灯光效果，通过提高处于画面中心位置的紫色的明度，使得这组补色获得了较好的和谐关系。当色相、冷暖、补色、对比不作为重点表现的内容时，正确刻画色彩之间的明度变化，画面效果同样也是非常精彩的。

以上三种色彩对比，都是画面色彩关系的不同侧面，它们相互依存，构成画面整体效果。当画面的色彩关系不甚理想时，可以从这些对比关系中去寻找原因；当希望画面的色彩处理上有点个性化倾向的时候，也可以从重点表现某个对比关系着手。

二、复合建筑表现画创作需掌握的绘图软件简介

由于目前软件更新速度飞快，下面将本书所使用到的软件版本进行简单说明：

Sketchup Pro 6 英文版 +V-Ray for Sketchup 1.0 英文版（见图1-15）

3ds Max 9 中文版（见图1-16）

Piranesi 4 英文版（见图1-17）

Painter X 英文版（见图1-18）

Photoshop CS2 中文版（见图1-19）

图1-15　Sketchup Pro 6

图1-14　表现习作（作者：蒋琏）

图1-16　3ds Max 9

图1-17　Piranesi 4

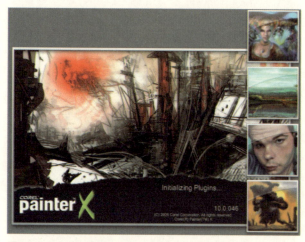

图 1-18 Painter X

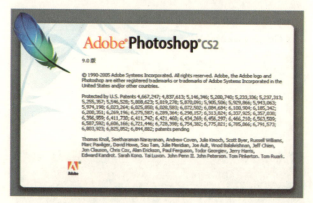

图 1-19 Photoshop CS2

虽然 Google 已经推出了正式官方中文版的 Sketchup，但是笔者依然推荐使用英文原版的 Sketchup。因为在很多情况下中文翻译并非相当准确，某些相近概念会区分不明。此外作为原生版本，英文版也是最为稳定的（笔者将在英文命令后加注相应的中文版命令）。V-Ray for Sketchup 并没有官方的中文版。而对于熟悉 V-Ray For 3ds Max 的用户，几乎完全相同的菜单也使用户很容易上手。而各个汉化版的翻译又不尽相同，容易混淆。因此也推荐使用英文原版。

从 3ds Max 7.0 以后，Autodesk 公司推出了官方中文版本。虽然笔者一直推崇使用英文原版，但中文版 3ds Max 拥有一个非常大的优势，解决了在低分辨率下，中文系统中无法完全显示英文菜单的问题。本书将使用简体中文版本的 3ds Max。

对于没有官方简体中文版本的 Piranesi 和 Painter，笔者还是推荐使用英文版本。

Photoshop 很早就已推出官方简体中文版了。经过了几个版本的升级，中文版本的 Photoshop 对中文支持比英文版本更为完善。因此，笔者推荐使用官方正式中文版的 Photoshop。

如今市面上不乏介绍这些软件的书籍，下面我们将着重介绍 Sketchup，Painter 以及 Piranesi 的一些特色与使用技巧。

1. 熟悉 Sketchup 的基本内容

当前在设计界，由于 Sketchup 在建模方面的易操作性和其所具有的装饰而且简洁的渲染效果越来越受到设计师们的青睐，再加上 V-Ray 渲染插件的运用，使其在渲染效果的丰富性上得到很大提升。另外，它导出的 3ds 格式文件可以导入到 3ds Max 软件中进行进一步处理；它还可以导出 Epx 格式的文件，此种文件包含着三维信息，在使用 Piranesi 软件对这种文件进行加工时，可以从面、材质等不同层面进行锁定，处理成具有手绘风格的表现画，尤其是马克笔绘制的效果。所以，熟练掌握 Sketchup 软件的功能对于设计和表现画的绘制都非常重要。

现在市面上已不乏讲解 Sketchup 的书籍，因此这里只对一些重要功能，小技巧以及软件之间的交互应用进行简要介绍。

1.1 Sketchup 6 的界面

Sketchp 的界面除菜单栏之外，都能进行自由的排列组合。悬浮的设置窗口可以互相吸附卷展，方便整理窗口。下面将主要介绍两个重要的设置窗口。

Model Info（场景信息）

点击 Window（窗口）>Model Info（场景信息）打开窗口。

在 Animation（动画）项中的 Scene Transitions（场景转换）用于控制两个页面之间转换持续的时间，取消 Enable Scene Transitions（允许页面过渡）选项则在页面之间切换时不显示转换过渡，可以提高非动画场景的切换速度，Scene Delay（场景延时）用于控制窗口的停顿时间，如果要制作连续的动画就要将其设置为 0（见图 1-20）。

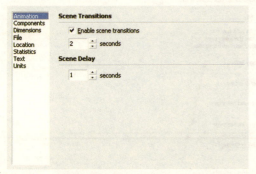

图 1-20 动画设置面板

Components（组件）项可以设置编辑组件时的显示情况。一般情况下笔者建议不要隐藏其他物体，因为周边的物体通常可以作为编辑时的一个参照。但是当模型过于复杂时，为加快显示速度可以暂时选择隐藏其他物体。通过调节滑竿可以控制编辑组件／群组时其他物体的显示深度（透明度）（见图 1-21）。

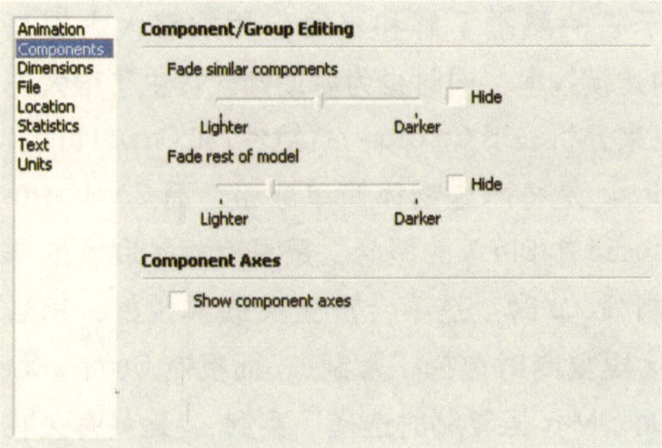

图 1-21 组件设置面板

Location（位置）项中的 Solar Orientation（太阳方位）用来改变太阳方位角。如果所要表现的角度正好在北面而又想让打开阴影后的立面都处在受光面中，就可以调节这个角度的数值来得到理想的效果，

从而不必去旋转模型。而且通过页面保存可以单独保存这个太阳角度，而不影响其他正常的角度。也可以通过点击 Select（选择）直接在模型中直观地指定（见图 1-22）。

图 1-22 位置设置面板

Statistics（统计）项非常重要，Purge Unused（清理未使用材质）可以清理掉模型中无用的组件、材料、图层，包括未使用的图片，从而大大减小模型的大小（见图 1-23）。当然如果需要单独清除多余的材质、组件可以到单独的材质窗口和组件窗口中使用 Purge Unused（清理未使用）命令来完成清理。

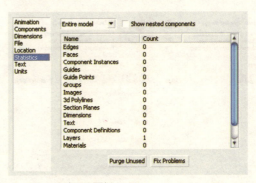

图 1-23 统计设置面板

Styles（风格）

点击 Window（窗口）>Styles（风格）打开窗口。Styles（风格）窗口是 Sketchup 6 以后推出的新功能，可以通过对边、面的设置实现各种不同的艺术效果。

Select（选择）项中可以点击下拉菜单，选择想要的预置风格样式，只需通过单击选择就可以将该风格应用到模型上（见图1-24）。

图1-24 风格选择窗口

Edit（编辑）项整合了Sketchup 5原来Model Info（场景信息）中的Color（颜色）项以及Display Setting（显示设置）内容，可以对场景的边线，面，背景，水印和模型显示作各种设置（见图1-25）。其中Watermark（水印）是Sketchup 6中新加入的元素，通常可以用它来添加一些纸纹等画面肌理或者图片背景。不同于背景设置只能选择背景颜色，在Watermark（水印）中通过点击Add Watermark（添加水印），可以选择一张图片来作为背景或者前景。从而大大增加了表现的灵活性（见图1-26）。

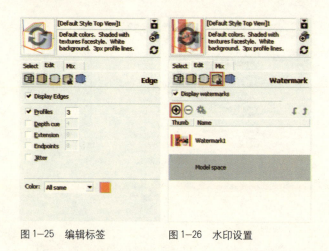

图1-25 编辑标签　　图1-26 水印设置

Mix（混合）项是风格窗口中非常重要的一个选项，提供了组合各种预置效果的功能。点击下方的下拉菜单，通过选择预置风格样式，然后直接将其拖动到相应的选项，如边线，面，背景，水印以及模型之中，就可以自己组合出想要的风格效果了（见图1-27）。

图1-27 混合标签

1.2 Component（组件）与 Group（群组）

Component作为Sketchup建模中一个重要的组成部分，对于它的熟悉了解和灵活应用能够大大提高Sketchup的建模效率，同时也为后期修改提供了很大的便利。首先来分析一下Component（组件）和Group（群组）的区别。Group是将所选物体简单成组，而Component相当于Autocad中Block的概念，是具有相关联性的群组。当复制Group时，是不会产生关联属性的，相当于3ds Max里复制时选择"复制"。而复制Component时相当于3ds Max里复制时选择"实例"，是具有关联属性的。当编辑任何一个Component时，其他相同的Component都会相应变化。当需要将该Component单独编辑，而不改变其他相同组件时，只需单击右键，在弹出的面板中选择Make Unique（单独处理）就可以解开该Component的关联属性，形成一个新的Component（见图1-28）。

图 1-28　解除关联

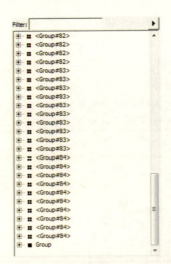

图 1-31　管理项目窗口

图 1-32　修改组件名称

在 Sketchup 中，制作组件有两种方式。其一就是直接使用 Make Component（制作组件）命令，编辑组件的名字，按 Create（创建）命令确定（见图 1-29）。其二就是先制作成 Group，然后单击右键，在弹出的面板中选择 Make Component 命令来制作组件（见图 1-30）。这两种方法的区别在于后者没有属性设置的对话框，默认的组件名称即为 Group 的名称。打开 Outliner（管理目录）窗口，可以看到文件中所有 Component 和 Group 的组成（见图 1-31）。通过单击右键，在弹出的面板中选择 Entity Info（实体信息）。在 Name（名称）栏中可以修改组件的名称，此时可以发现相关联的组件的名称也会被同时修改（见图 1-32）。

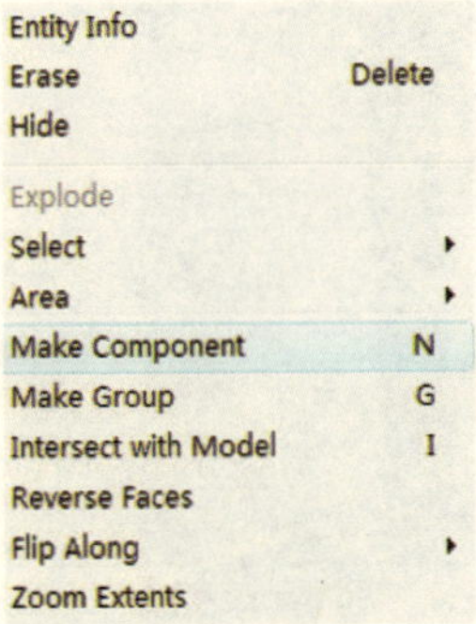

那么在建模的过程中如何合理地使用 Component 和 Group 呢。首先，在大多数情况下我们并不需要对每一个组件都进行命名，比如对于某些单一的组合物体，或者临时的组合。其次，Component 虽然具有关联属性的优点，但是有些情况下只需快速建立 Group 就足够了。例如生长动画中的分组，我们完全可以只制作 Group。而在需要进行关联复制某个 Group 的时候，我们只要右键选择 Make Component 就可以方便地将 Group 变为 Component。而对于一些完全相同的组合就可以直接制作 Component 了，比如门、窗、柱之类的重复构建，并同时对组件命名以便区分。此外，我们制作的每个 Component 都会显示在 Component 窗口中，即使在作图空间中删除，也可以直接从这里调用。只有通过 Purge Unused 命令才能彻底将其清除。合理地应用 Component 可以大大方便后期的修改。在 3ds Max 中，"实例"复制只保留物体的基本属性，当改变一个物体材质的时候，关联的物体并不会改变。而在 Sketchup 中，同一 Component 之间能够保留所有的信息，任何变化都会反映到每个关联的组件上。

Component 也是控制 Sketchup 文件大小的有效方法。先来看一下这个例子（见图 1-33、图 1-34），这是两个完全相同的模型，它们的多边形面数是完全一

图 1-29　直接创建组件　　　图 1-30　间接创建组件

样的。其区别在于，01 中是由两个相关联的 Component 组成，而在 02 中是由两个 Group 组成。但是这两个文件的大小却相差了将近一倍。其原因在于，在 Sketchup 中，相同的组件只会被当作一个物体来保存，因此同样面数的模型，如果包含的相同组件越多，相对模型文件就越小。当然面数还是这些，对于显示的速度是没有改善的。

再举个例子，对于形状相同，大小不同的物体，我们完全没有必要分别做两个 Component。我们只需要通过 Scale（缩放）这个命令来缩放物体到需要的尺寸。这样可以大大减少组件的数量（见图 1-35）。但是如果材质中有贴图存在的话，那就不能使用这种方法了，因为缩放会影响到贴图坐标的大小（见图 1-36）。

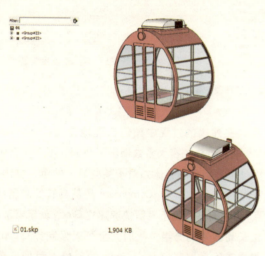

图 1-33　两个组件

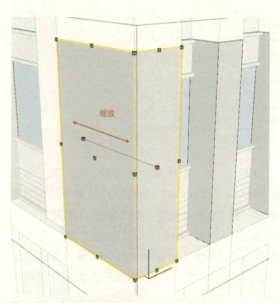

图 1-35　通过缩放改变组件大小

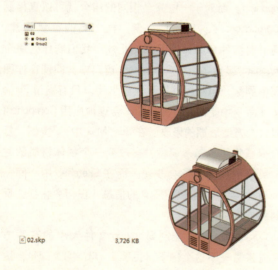

图 1-34　两个群组

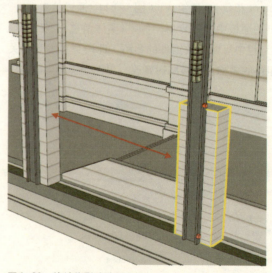

图 1-36　缩放将影响贴图坐标

下面通过一个实例来分析一下 Component 的创建技巧。

这是一个摩天轮的模型（见图 1-37）。它由座舱和支架两部分组成。可以发现这两部分模型都是由许多相同或相似的构件构成，合理地组织这些 Component，将有效控制模型的大小，加快建模速度，方便后期渲染时材质的处理。

图 1-37　摩天轮模型

座舱部分由 68 个总共 7 种不同颜色的座舱组成。因此，需要定义七个不同的 Component。但我们也不难发现除了外框和座椅的颜色不同之外，其他部分是完全相同的。因此我们可以考虑将这些相同的部分作为一个相同的 Component，而将有颜色变化的部分作为另一个 Component。然后再将他们组成一个 Component 用于相同座舱的关联复制（见图 1-38）。当需要改变座舱颜色时，只需使用 Make Unique（单独处理）命令，将这个座舱的 Component 解除关联。双击需要颜色变化的 Component，赋予新材质就可以了。这样成组的好处在于，将模型中完全相同的部分组成相关联的 Component，大大地减小了模型文件的大小，也方便将来的后期编辑。而将变化部分做成另一个 Component，在需要改变材质时，只要使用 Make Unique 命令，再赋予新材质就可以了。这里提示一个选择外框部分的技巧，点击材质面板中的外框材质。单击右键，在弹出的面板中点击 Select（选择），这样就可以快速地选择所有使用这个材质的物体了（组件和群组除外）（见图 1-39）。

图 1-38　包含组件和群组的座舱组件

图 1-39　选择所有使用该材质的面

支架部分看似非常复杂，实则多为大小不一的圆柱体构成。我们同样可以运用前面所说的缩放 Component 的方法来完成大多数的模型构建。需要注意的是圆柱体直径的缩放时，若双向缩放很难控制，可以采用在两个方向分开缩放的方法来完成。运用这种关联组件缩放复制的方法，同样可以大大地减小模型文件的大小（见图 1-40）。

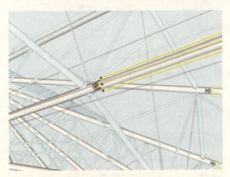

图 1-40　缩放同一组件的支架

提示：如何提高 Sketchup 的显示速度。

　　Sketchup 的显示速度取决于主机的硬件加速能力以及模型本身的复杂程度。Sketchup 提供了 OpenGL 的硬件加速方式。点击 Window（窗口）>Preferences（参数设置），打开 OpenGL 栏（见图 1-41）。选中 Use Hardware Acceleration（使用硬件加速）即打开了显卡的 OpenGL 硬件加速功能。若不勾选则完全使用 CPU 的计算能力来进行软加速，并且没有抗锯齿显示效果。目前市面上的主流独立显卡都能很好地支持 Sketchup 的硬件加速功能，并能打开 4 倍速抗锯齿。这里需要注意的是，要完全发挥硬件加速能力必须安装完整的独立显卡驱动，如果仅仅使用 Windows 系统中集成的显卡驱动，将会损失许多三维显示加速性能。比如无法打开抗锯齿或者完全不能开启硬件加速。通常为了达到较好的显示效果，我们会打开 4 倍抗锯齿显示，但如果要提高显示速度，则可以关闭抗锯齿显示。虽然显示效果有所缺失，但可以大大加快显示的速度。虽然关闭了抗锯齿功能但是对于导出的图像质量是没有影响的。

的一个重要因素。当模型中存在大量弧面物体时，我们就需要注意这些圆弧面的分段数了。在我们绘制弧线或者圆时，右下角的标题栏中会显示出这个弧面的分段数，此时我们可以输入我们想要的分段数值，在结尾加上 S 即可（见图 1-43）。对于一些着重表达的部分我们可以增加到 32 这样较多的分段，而对于一些不重要的部分我们应该尽量减少到 12 这样较少的分段的数量以减少不必要的模型体积。这里需要注意的是，每次绘制新弧线时都会以上一次设置的分段数为准，因此要注意每次的右下方的段数提示，以避免模型中的所有弧面都以一个较高或较低的分段来完成。因为这个操作是不可逆的，不能像 3ds Max 一样随时来变换弧面的分段，所以需要格外注意。

图 1-42　选择着色显示模式

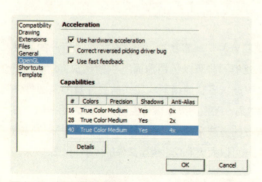

图 1-41　打开硬件加速

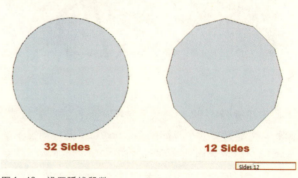

图 1-43　设置弧线段数

1.3　Sketchup 的导入与导出

　　Sketchup 的强大功能还表现在它与多种软件的交互性，可以与多种二维和三维软件进行有机的结合和再创作。下面就来介绍一下 Sketchup 强大的导入导出功能。

　　导入文件

　　光栅图，包括 jpg、tiff、tga、png、tga、bmp 等。导入时可以选择作为图片，材质或是相机匹配。前两者的区别在于，如果选择作为图片的话，就是以类似于组的形式导入，可以缩放，但是不能裁剪。当选择作为材质时，就会在材质库中出现以这张图片为贴图

　　此外，当模型面数较多时，我们可以通过关闭一些操作时不需要的物体来加快显示的速度。如前面提到的控制修改 Component 时其他物体的显隐，或者可以通过控制显隐不同图层上物体来提高操作时的显示速度。贴图的数量也是影响显示速度的一个因素。因此在操作时，我们也可以将显示模式改为 Shaded（着色）（见图 1-42）。圆弧面的分段数也是影响模型面数大小

的材质，可以像编辑普通材质贴图一样进行裁剪等编辑了（见图1-44）。通过单击右键，在弹出的面板中选择Explode（炸开）命令也可以将图片转换成材质。这里需要注意的是，一旦该图片被导入到模型中，那么Sketchup文件将包含这个图片，所以Skp文件的大小也就包括了该图片，所以要注意图片的尺寸，以免文件过大。而且简单的删除是不能彻底清除图片文件的，需要使用前面所提到的Purge Unused（清理未使用）命令来彻底清除该图片，从而有效控制文件的大小。

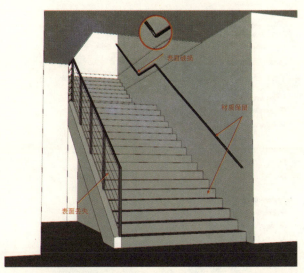

图1-45 以3ds格式导入

图1-44 以图片与材质方式导入

矢量图，包括dwg、dxf、3ds等。这里的dwg和dxf文件也可以包含三维的信息。在导入时需要注意文件的单位。对于二维图来说dwg是最常用的格式，这里无需赘述。而对于三维图形来说，比如将模型从3ds Max导入到Sketchup，这几种格式中哪一种格式更为合适呢？首先是3ds格式，作为3ds Max原生格式，它能很好地保留文件的材质信息。但是由于格式自身局限，有模型面数的限制。同时在Sketchup直接导入3ds后，即使勾选了Merge Coplanar Faces（合并共面），也会出现表面不完整等错误，需要手动处理（见图1-45）。Sketchup本身对于3ds的文件导入也不是很完善，当遇到复杂模型时，容易出现假死崩溃的现象。而dwg文件作为一种事实上的标准文件，它的兼容性则要好得多。基本上不会出现破面等问题。但是它最大的缺点在于没有附带材质信息（见图1-46）。针对他们的特点，我们可以选择比较灵活的方法。对于一些简单大块面的模型可以选用3ds格式，方便地保留材质信息同时减少再处理的时间。而对于一些弧面较多复杂的模型可以使用dwg、dxf格式，尽量保持模型的完好性。

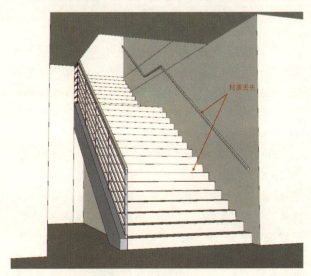

图1-46 以dwg格式导入

导出文件

二维光栅图，jpg、tiff、tga、png、tga、bmp、epx等，epx作为一种很特殊的带有三维信息的图片格式将在3.2中详细讲解。

二维矢量图，eps、dwg、dxf等，可以将三维图以二维矢量的形式导出，同时可以设置比例，非常实用。（见图1-47）

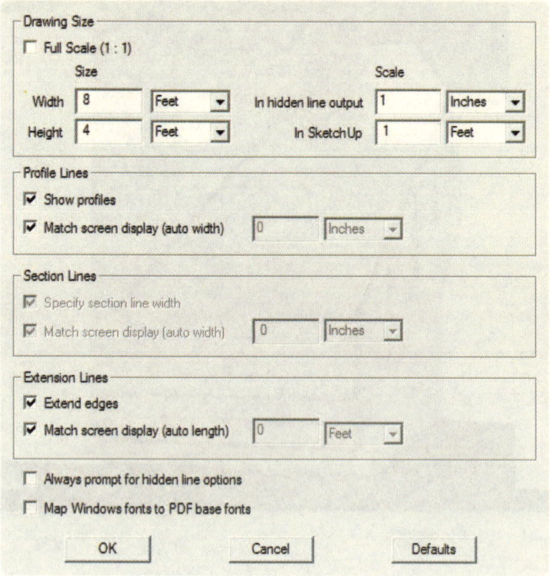

图1-47 二维dwg导出设置面板

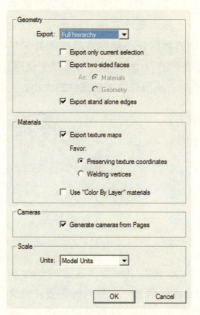

图1-48 3ds格式导出设置面板

三维模型，包括3ds、dwg、dxf、atl等，这里将着重介绍一下3ds的导出。通过3ds格式，Sketchup的模型就能被许多软件所使用，包括3ds Max、Lightscape、Rhino、Ecotect、Archicad等。下面就详细介绍一下从Sketchup到3ds Max的过程。

File（文件）>Export（导出）>3d Model（3D模型）弹出文件对话框，在类型下选择3ds格式。点击Option（选项）按钮，弹出选项对话框（见图1-48）。在Geometry（几何体）栏里，Export（导出）下拉菜单中有四个选项。一般情况下，在Single Object（单个物体）模式下，物体将被作为一个完整的Mesh导出。但由于3ds文件限制，所以在文件面数较多的时候，Sketchup会自动将其拆开成几个物体。因此对于一般简单的模型可以选择这种方式，这样在后期的编辑也较为方便。Full Hierarchy（所有图层）模式下，物体会被按照组来导出，没有成组的部分被分为一个组。这种模式比较适合面数较多模型，这样就不会出现由Sketchup自行分割模型而造成导入模型分组混乱的情况。By Layers（按图层）模式就是以不同层来分模型。By Material（按材质）则是按照模型材质来分割模型导出。这种模式很适合

需要在3ds Max中进行多种贴图的模型。但是这种模式导出的速度比较慢，导入以后在3ds Max的显示速度也最慢。模式的选择对于后期3ds Max渲染很重要，需要根据模型的具体情况来选择以何种模式导出文件。

勾选Export 2sided Faces（导出两边平面）时导入到3ds Max中其材质便是双面材质，如果模型本身面的法线方向没有问题时，可以不勾选该选项。当然也可以在Max中勾选2-Sided达到同样的目的。勾选Export Texture Maps（导出贴图）项会在导入到3ds Max中时保持原有的贴图坐标。这里笔者不建议勾选导出相机，由于3ds Max与Sketchup相机的不同，因此最好在3ds Max中进行相机设置。最后一项一般选择Model Unit（模型单位）就可以了。

打开3ds Max软件，点击文件>导入，弹出文件对话框，选择3ds文件后单击确定。根据Sketchup导出模式的不同，分为两种赋材质模式

By Material（按材质）

打开材质编辑器，选中吸管工具，吸取一种材质到材质球，再选择"按材质选择"，这时所有使用该材

质的物体将被选择（见图 1-49）。对于需要赋予贴图的材质进行成组，以便将来加上贴图坐标和选择。

图 1-51　分离相同材质的面

图 1-49　从物体表面吸取材质

1.4　V-Ray for Sketchup

Sketchup 作为单纯的建模软件不能进行渲染无疑是一件憾事。虽然可以导出到 3ds Max 或 Artlantis 进行渲染，但是不同软件之间的导入导出毕竟增加了许多麻烦，也增加了模型损失的可能性。近年来也出现了很多直接支持 Sketchup 的渲染器。V-Ray for Sketchup 的出现无疑很好地解决了这个问题。V-Ray 拥有很大的用户群体，许多熟悉 V-Ray For 3ds Max 的用户可以很快上手，其绝大多数的设置方法都非常类似。而在速度和质量的表现上 V-Ray 也是相当出色的，达到了两者之间一个很好的平衡点。下面将简要介绍一下 V-Ray for Sketchup 的功能设置。

V-Ray for Sketchup 的材料面板

安装完 V-Ray for Sketchup 后，启动 Sketchup 就会自动加载 V-Ray 工具栏（见图 1-52）。通过点击 V-Ray for Sketchup 工具栏的第一个图标，就可以打开材质编辑面板了。一些特殊材质的设置就需要在这个编辑面板中完成。笔者并不推荐将场景中的所有材质都一一进行设置。我们只需要将一些存在反射和折射效果的材质在这里进行再调节就可以了，这样也可以减少渲染的时间。

Single Object/Full Hierarchy（单个物体 / 所有图层）

打开材质编辑器，选中吸管工具，吸取一种材质到材质球。这时材质球显示的是一个多重材质，每个 ID 号对应一种材质。对于需要重新贴图的物体，我们需要将他们分离出来重新附上贴图坐标。选择物体，找到该材质的 ID 号。进入 Element 层级，在材质栏里输入 ID 号，按"选择 ID"，于是具有该 ID 号的面将被选出，并用红色显示。再点击"分离"按钮，这些面将被分离为单独的物体。然后选择这些物体，我们就可以附上新的贴图坐标了（见图 1-50）（见图 1-51）。我们将在第三章中详细讲解导入后编辑的步骤。

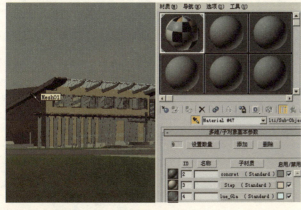

图 1-50　吸取的多重次物体材质

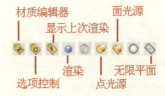

图 1-52　V-ray For Sketchup 控制面板

在材料面板中提供了四种材料类型的创建方式：V-RayMtl、V-RayLinkedMtl、V-Ray2sidedMtl、V-Rayskp2sidedMtl。其中V-RaylinkedMtl是我们最常用的一种材质创建方式。V-RayLinkedMtl是将Sketchup的材质与V-Ray材质之间建立链接关系，是一种快速而方便的创建方式。其步骤为：右键单击Scene Materials，在弹出的面板中选择Scene Materials>Add Material>Add VRayLinkedMtl（见图1-53）。在弹出的材料列表中选择要关联的材料（见图1-54）。V-RayMtl是另一种常用的创建方式，所不同的是它需要先选择物体再赋予该材料。其步骤为：选择需要赋予材质的物体，单击右键，在弹出的面板中选择V-Ray for Sketchup>Apply Material。然后在弹出的列表中选择要赋予的材质。

Refraction Layers用于添加折射效果。Emissive Layers用于制作自发光的物体。只要在需要添加的层上单击右键，选择Add就可以添加该图层了（见图1-55）。

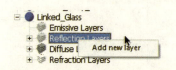

图1-55 添加材质反射

在每个材质球的右边是参数设置栏。在Diffuse栏中第一个选项用于控制物体颜色。这里需要注意的是，对于Linked Mtl来说物体颜色是受原物体材质颜色所决定的，与这里的颜色选项无关。第二个选项用于控制物体透明度，颜色越深，则透明度越低（见图1-56）。

图1-56 Diffuse栏

在Reflection栏中，Reflection项控制反射程度，颜色越深，则反射度越低。在反射贴图中默认使用的是Fresnel模式，该模式用于模拟真实世界中反射光线的菲涅耳现象，随观察角度的不同表面反射也随之变化。如果选择None则各个方向的反射将相同。Filter项用于控制反射高光的颜色。Highlight Glossiness、Reflection Glossiness用于控制物体表面反射平整度。当他们的值小于1时则会产生模糊反射的效果。通过提高Subdivs的等级就可以更好地表达模糊反射的效果了（见图1-57）。

图1-53 添加V-ray关联材质

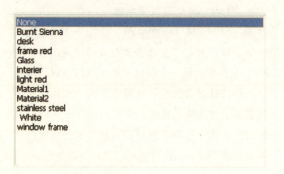

图1-54 选择需要关联的材质

接下来就需要对材料进行具体设置了。每个材质球下都有四个图层，Emissive Layers、Reflection Layers、Diffuse Layers、Refraction Layers。默认情况下只有Diffuse层存在。Reflection Layers用于添加反射效果，

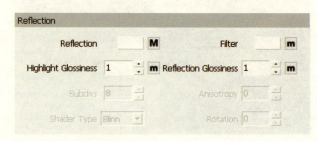

图1-57 Reflection栏

在 Refraction 栏中，Refraction 项用于控制折射度，颜色越深，折射程度越低。IOR 控制物体的折射系数。Glossiness 用于控制物体内部的模糊程度，数值越接近 1，模糊程度越低。Fog Color 用于影响物体内部的颜色。勾选 Translucency 项可用于制作次表面散射的材质。注意此时需将 Glossiness 值设置为 1 以下，调低 Transparency 的值并勾选双面选项（见图 1–58）。

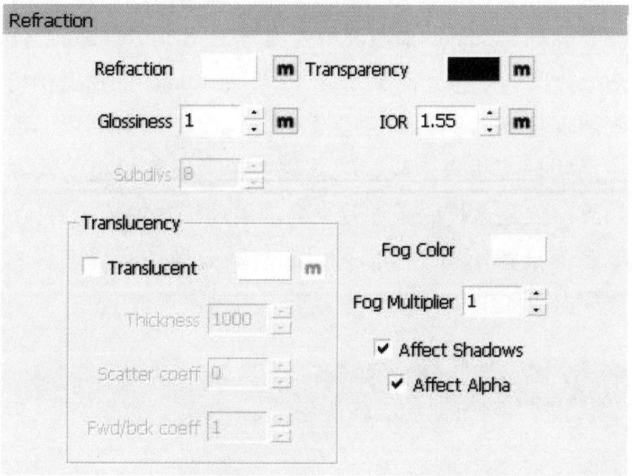

图 1–58　Refraction 栏

V–Ray for Sketchup 的灯光设置

在 V–Ray for Sketchup 中一共提供了三种光源方式。

点光源：一般可以用来模拟阳光和射灯光源。右键点击点光源，在弹出的面板中选择 V–Ray for Sketchup>Edit Light，打开点光源的控制面板。在 Intensity 栏中，Color 用于控制光源的颜色。Mutiplier 用于控制照明的强度。默认值为 30，在不使用 V–Ray 相机的情况下，这个数值过高，一般需要根据实际情况调节。Decay 控制了衰减的方式，Linear、Inverse、Inverse Square，它们需要的渲染时间依次增加。Sampling 用于控制光子贴图的细分程度，在测试渲染的时候，可以调低这个数值。Shadow 用于控制阴影的效果（见图 1–59）。

图 1–59　点光源设置面板

面光源：一般可以用来模拟天空环境光和线面光源。在面光源控制面板中，比点光源多了 Option 选项。Double Sided 用于控制灯光是否双面发光。在 Sketchup 中面光源发光面为 Sketchup 默认的正面，背光面为默认的反面。Invisible 控制光源是否可见，一般都勾选此项（见图 1–60）。

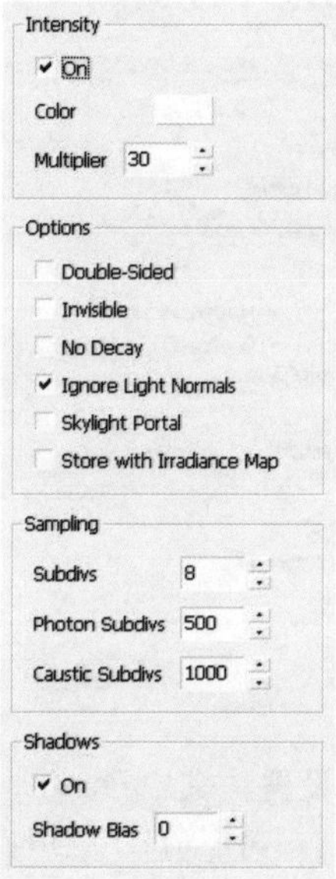

图 1–60　面光源设置面板

V-Ray for Sketchup 还提供了自发光材质光源。创建方法就是在物体的材质中加入 Emissive Layers。Color 用于控制发光颜色，Intensity 用于控制发光强度（见图 1-61）。

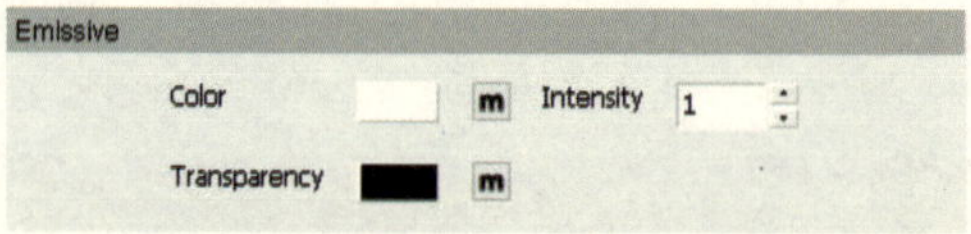

图 1-61　自发光设置面板

V-Ray for Sketchup 的渲染面板

与材质、灯光面板不同的是，V-Ray for Sketchup 的渲染设置面板与 V-Ray 的 3ds Max 版本基本一致。可以凭借原来的使用经验进行设置。下面简单讲解一下各部分关键的选项。

Global Switches 栏中在 Material 框下勾选 Override Material 可以将所有的材质用后面的材质覆盖，一般可以用于测试布光阶段。Lighting 框下注意取消 Default Lights 的选项，关闭默认场景光源。Render 框下 Low Thread Priority 用于控制进程的优先级，如果需要在渲染同时进行其他工作，可以勾选此项。其他选项一般可保持不变。（见图 1-62）

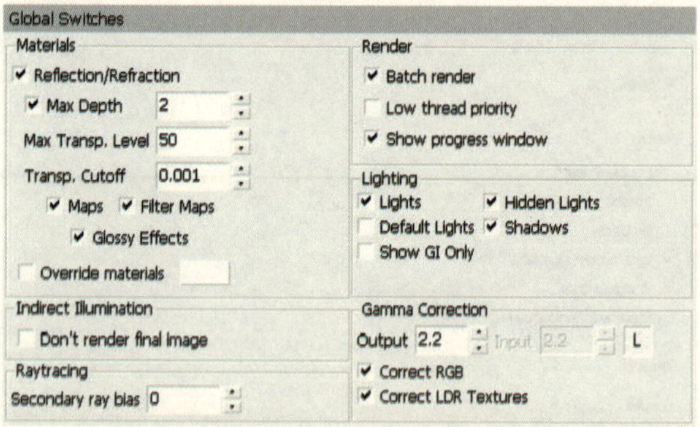

图 1-62　Global Switches 栏

感光度来调节整个图面效果。由于使用了类似真实的光通量控制，因此在使用物理相机的情况下，需要对灯光强度进行成倍放大，这样才能达到理想的效果。此外，当使用真实天空光照明的时候必须和物理相机来配合，这样才能有效控制场景亮度，否则需要将天空光强设置到一个极低的数值。这也是为什么有的时候我们取消了物理相机以后，使用 Sky 天空光场景渲染会一片白色的原因。由于我们在这本书中部分章节需要进行 Sketchup 消隐线框效果与 V-Ray for Sketchup 渲染效果的复合，而 V-Ray for Sketchup 中的物理相机不能保证两者图面的完全重合。因此在本书中我们不使用物理相机来渲染。在该栏中还可设置相机的景深效果，但是这样的景深效果会成倍地增加渲染的时间，笔者不推荐使用，我们可以在后期处理中实现这样的效果（见图 1-63）。

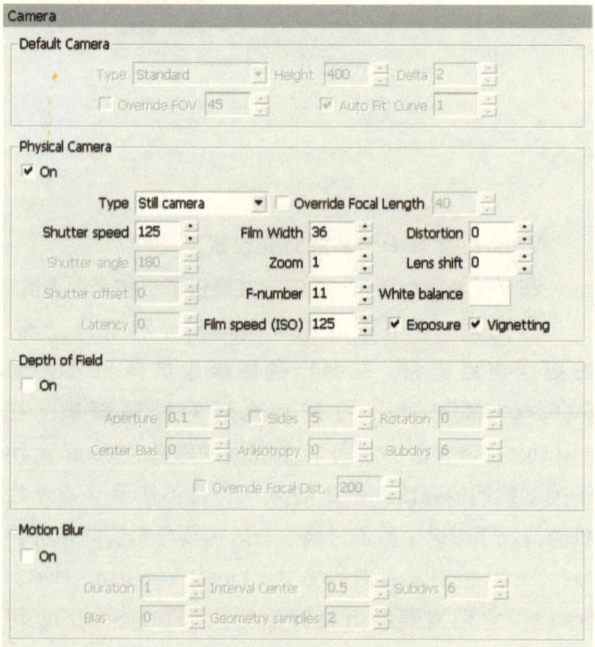

图 1-63　Camera 栏

Camera 栏下是 V-Ray 相机的设置。其中 Physical Camera 与 3ds Max 中的 V-Ray 物理相机类似，完全模拟真实世界相机。其优势在于可以通过快门、光圈、

Output 栏用于控制最终图像的输出尺寸。当取消 Overrider Viewport 选项时，图像按照目前视口的大小输出。需要注意的是，由于显示器分辨率不同，工

具栏位置和大小的不同，Sketchup 的实际输出图像的比例各不相同。因为本书中需要保证渲染输出的图像大小比例与 Sketchup 直接导出的图像完全相同，以方便后期处理。因此在设置 Output 的尺寸时，需要先按照 Sketchup 直接导出图像的像素值输入，点击 Image Aspect 后的 L 按键，锁定比例。然后再输入想要的图像尺寸，这样就可以保证输出图像的比例与 Sketchup 直接导出的图像完全相同了（见图 1-64）。

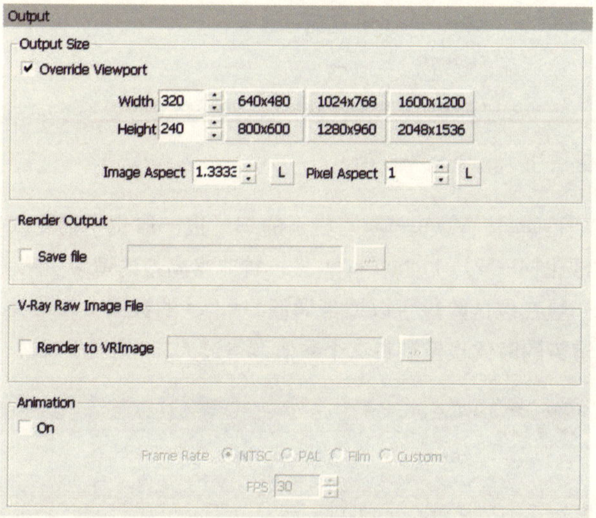

图 1-64　Output 栏

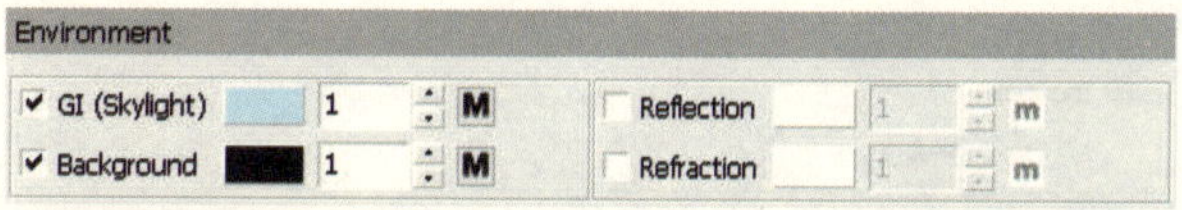

图 1-65　Environment 栏

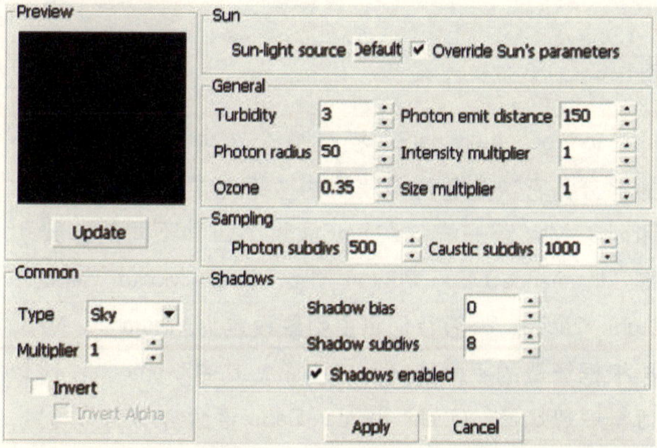

图 1-66　天空光设置面板

Enviornment 栏可以设定背景和环境光。默认情况下 V-Ray for Sketchup 提供了 Sky 作为环境光和背景。但是如上提到的，一般需要和 Physical Camera 配合使用（见图 1-65）。如果使用 Sketchup 默认相机，需要将天空光强度调到一个极低的数值，因此并不常用这种搭配。点击 GI 后的 M 字样按钮，可以打开天空光的设置窗口（见图 1-66）。首先 V-Ray 中的天空光信息是由 Sketchup 的阳光设置所决定的。因此要事先设定好 Sketchup 的阳光信息。在 General 控制框中，Turbidity 控制空气的浑浊程度，数值越小，浑浊度越小。Intensity Multiplier 用于控制天空光强。Ozone 用于控制天空光的色调，数值越大，色调越冷，数值越小，色调越暖。

Image Sampler 栏下是控制采样方式和抗锯齿模式的设置（见图 1-67）。使用默认的 Adaptive Subdivision 模式一般都能获得理想的效果，这也是三种方式中最通用的一个。Antialiasing 一般选用默认的 Area 方式就可以了。在渲染测试的时候可以暂时关闭抗锯齿选项以加快渲染速度。

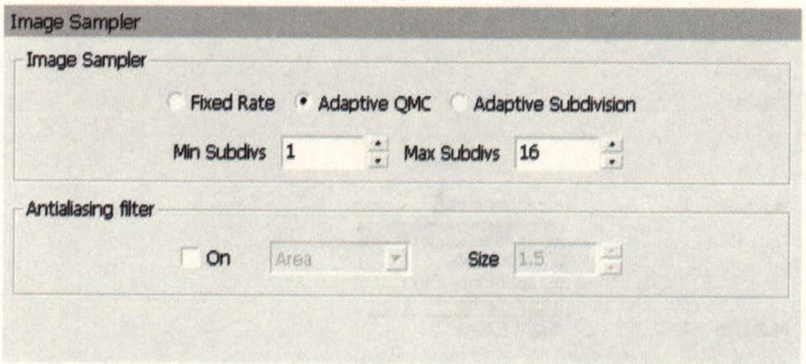

图 1-67　Image Sampler 栏

VFB Channel 栏是一个很有用的部分。可以在渲染正图的同时渲染出相应的通道，方便后期合成，这对于复合表现非常有用。在这里我们常用到 Diffuse（材质）、Normal（法线）和 Shadow（阴影）通道。V-Ray 会在保存成图的同时保存所选的通道（见图 1-68）。

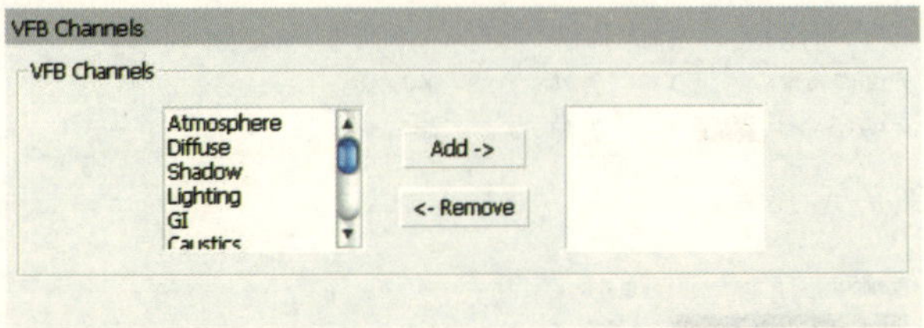

图 1-68　VFB Channel 栏

　　Indirect Illumination 栏是整个选项面板中最核心的部分，它决定着渲染使用的渲染方式（见图 1-69）。和 3ds Max 版一样，V-Ray 提供了四种不同的渲染引擎：Irradiance Map、Photon Map、Quasi Monte-Carlo 和 Light Cache。一般我们将主引擎设置为 Irradiance Map，再根据场景的不同选择第二引擎。其中 Lightcache 比较适合一般场景，Quasi Monte-Carlo 更适合小细节场景，Photon Map 笔者并不常用。选择引擎后，在选项面板中就会出现相应引擎的设置栏（见图 1-70）。

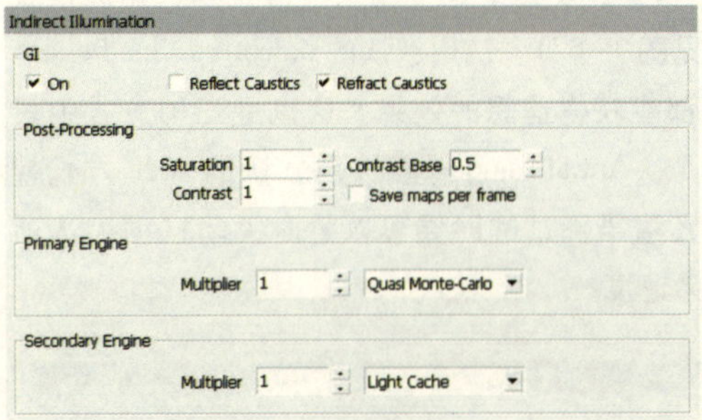

图 1-69　Indirect Illumination 栏

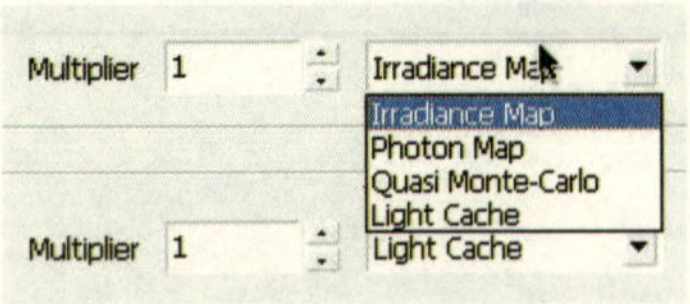

图 1-70　选择渲染引擎

　　Irradiance Map 栏中，Basic Parameters 中的参数最为重要。其中 Min Rate 和 Max Rate 控制着采样的取值。一般数值越小，所花费的渲染时间越少。在调试阶段可以使用比较低的取值，以减少渲染的时间。Hsph. Subdivs 与 Samples 数值影响着图片的质量。默认的数值基本可以得到比较满意的效果（见图 1-71）。

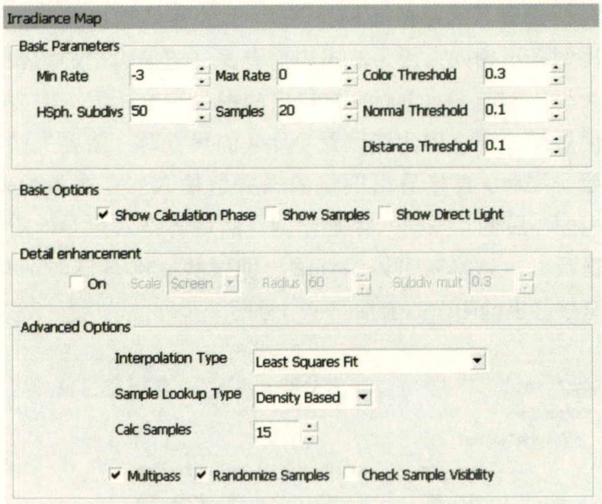

图 1-71　Irradiance Map 栏

　　Quasi Monte-Carlo 栏下的细分值一般也不需更改（见图 1-72）。Light Cache 是一种非常高效的渲染引擎。一般在调试阶段可以适当调低 Subdivs 的数值，在最终渲染的时候也无需将这个数值调得过大。（见图 1-73）

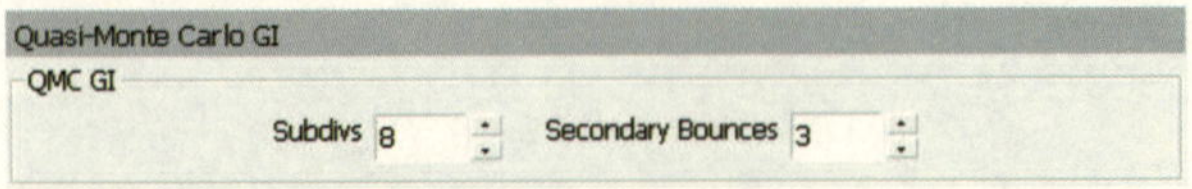

图 1-72　Quasi monte-carlo 栏

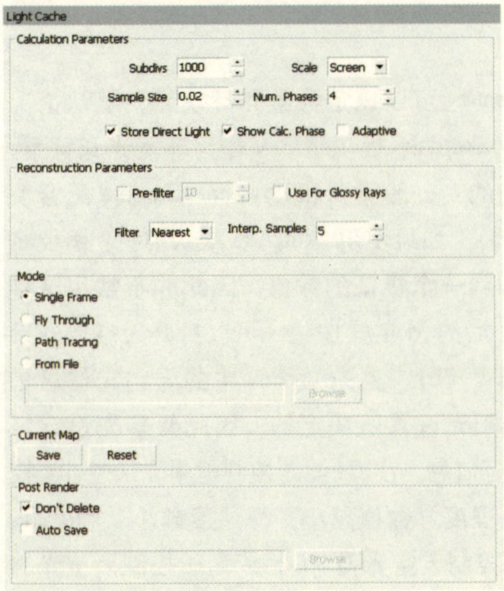

图 1-73　Lightcache 栏

经笔者的渲染测试，V-Ray for Sketchup 的渲染速度还是和 3ds Max 版本存在一定的差距，设置接近的情况下图面的缺陷也更多。因此在最终渲染成图的时候建议尽量调高一下灯光和渲染引擎的细分等级，以获得满意的效果。

2. 熟悉 Painter 的基本内容

Painter 软件和数位板的结合，就能使作者轻易自如地拿起笔在计算机上作画，Painter 对图像文件的操作与 Photoshop 非常类似，如图层、通道和蒙版等，对图像效果的调整在有些方面也几乎和 Photoshop 一样。rif 是它的专用文件格式，其他可以在 Painter 中处理的常用文件格式主要包括：psd、jpg 和 tif 等。对于熟悉 Photoshop 的读者，可将文件先经过 Photoshop 的处理，然后将 psd 格式的文件直接在 Painter 中进行进一步加工处理；也可以将经过 Painter 处理的文件保存为 psd 格式的文件再到 Photoshop 软件中作进一步加工。交替使用这两种软件处理图像可以充分运用它们的特点，工作效率也更高。Painter 的特点是它包含种类繁多的各种画笔和可供选择的作画介质，也还可以由用户自己对用笔和作画介质进行设置，用它可以绘制铅笔、水彩、水粉、丙烯、油画和色粉笔等各种画种风格的效果，并且，在一张作品中，可按照效果的需要，把在实际手绘中难以综合起来的效果糅合在一起，形成一种混搭的艺术效果。值得一提的是 Painter 软件中的克隆功能非常有特点，它不仅可以把原图一模一样地复制，而且可以用不同的工具进行具有艺术风格的克隆，这就使得对复合表现画中的主体——建筑进行具有风格的再创造变得较为简便。这个软件目前主要用于商业插图方面，在建筑表现画的绘制上还不多见，可以说，Painter 为复合建筑表现画提供了一个非常好的创作平台。下面以 Painter X 为例对 Painter 的特点作一个简单的介绍。

2.1 Painter 的界面

Painter 的界面包括菜单栏、工具箱、属性栏、画笔选择器、画布、调色板和图层面板等（见图 1-74）。这些面板可以通过菜单栏中 Window 下的相应命令将其显示或关闭。

图 1-74 PainterX 的界面

若需要同时打开多个面板，可以把它们重叠在桌面上。方法是将面板标题拖曳到另一个面板的标题之下，它们就会自动吸附在一起。点击标题左面的三角可以打开或暂时关闭面板（见图1-75）。

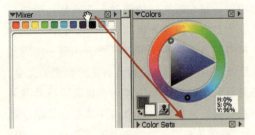

图1-75　可拖动的面板

2.2　特色内容介绍

图层面板（见图1-76）

图1-76　图层面板

在Painter的图层面板下方滴水状图标是水彩图层和液体墨水图层创建按钮。水彩画笔和液体墨水画笔只能画在它们专用的图层上面。图层标题左下方是图层合成方式的选项。点击右上三角形图标，可显示有关图层的活动菜单（见图1-77）。在控制图层透明度的下方，有两个选项：Preserve Transparency 和 Pick Up Underlying Color。勾选 Preserve Transparency，表示作画范围仅限于该图层所包括的像素部分，不勾选，则不受此限制。勾选 Pick Up Underlying Color 表示在此图层上用颜色作画能混合这个图层下面的图层上相同位置的颜色，这个功能对于手绘效果非常有用。

图1-77　图层相关菜单

作画颜色设置

在Painter中可以通过三种方式来确定作画颜色，这三种方式是：标准颜色拾取器、一般调色器和颜色集。在标准颜色拾取器（见图1-78）中，先在色环上确定颜色的色相，再在中间的三角色块上选择合适的饱和度和明度。一般调色器（见图1-79）如同画家手中的调色板，一般可以用底部的画笔工具蘸取上部的颜色在色盘中调色，并用吸管工具确定当前色。在用画笔调色时，按住 Alt 键，可以直接调用吸管工具，这个快捷方式对于实际作画非常方便。颜色集（见图1-80）

图1-78　颜色拾取器

是用于从其他图像或者一般调色器中对颜色进行采样，方法是点击面板右上角的三角图标，按照弹出的菜单进行操作（见图1-81）。在对图像进行色调调整的处理时，也可以按颜色集中颜色进行匹配，详细介绍请参考后面章节中的实例。

图1-79 调色板

图1-82 选择纸张

图1-83 启动纸张设置面板

图1-84 纸张设置面板

图1-80 颜色集

图1-81 设置颜色集

纸张的设置

点击工具箱下端的纸张选择器的图标（见图1-82），从弹出的纸张纹理库中选择所需的纸张，再点击右上端小三角，选择Launch Palette，打开纸张控制面板（见图1-83、图1-84），可以从纹理的大小、亮度和对比度等方面进行调整。

画笔的设置

要确定笔刷，先要选择画笔的类型，再要选定具体笔刷的变量。点击Painter桌面上的画笔图标，即可显示26种画笔（见图1-85）。选择其中一类画笔，再点击画笔变量图标旁边的小三角形，可以从众多变量中，选择作画用的具体笔刷（见图1-86）。若对笔刷

图1-85 选择画笔

图1-86 画笔变量

还想进一步调整，则按下 Ctrl+B，打开 Stroke Creator（笔刷生成器），可对笔刷的参数进行详细调整（见图 1-87）。面板的左边是参数部分，右边是试画笔刷区域，按 Clear 可以清除试画的笔触效果。当完成参数的调整以后，可以对新的笔刷进行保存，方法是点击画笔面板右边的三角形，打开活动菜单（见图 1-88）。选择 Save Variant，打开保存面板，输入名称，完成保存（见图 1-89）。要恢复已经修改过参数但未经重新命名的笔刷的设置，可以再次打开画笔面板的活动菜单，选择 Restore Default Variant（见图 1-90）。

图 1-89　输入画笔名称

图 1-87　笔刷生成器

图 1-90　恢复默认画笔

图像的克隆

克隆在 Painter 中可以用多种方式：文件直接克隆、用专用克隆的画笔克隆、在激活颜色拾取器上的颜色克隆、功能用普通画笔进行克隆以及点到点的克隆。打开需要克隆的文件，执行菜单 File>Clone 命令，即可生成克隆文件（见图 1-91）。执行菜单 File>Quick Clone 命令，生成的克隆文件宛如蒙上了一张描图纸（见图 1-92）。关闭描图纸功能（见图 1-93），实际的图纸上面还没有所需要的图像。使用 Clones 画笔样式中 Texture Spray Cloner 的笔刷，调整画笔到合适大小，在克隆的图纸上随意绘画，即可呈现具有喷洒肌理韵味的克隆图像（见图 1-94）；选用纸张为 Basic Paper（见图 1-95），使用 Pencil Sketch Cloner 笔刷，调整该笔刷的 Grain 参数，这是为了使表现在纸张上的肌理效果更加明显，再把笔的大小调节好，然后进行克隆绘图（见图 1-96）。与前一张克隆的画面相比较，用不同变

图 1-88　保存画笔

量的克隆工具,画面形式各有特点。读者可以自己尝试,运用色彩克隆功能,笔刷的大小相异,克隆效果也将不同。由此可见,Painter 中克隆方法不是简单的复制,而是带有形式意味的再创造。Painter 不仅拥有专用的克隆画笔,还可以将其他笔刷改为克隆用笔。例如使用 RealBristle Brushes 画笔样式下的 Real Fan Soft 的笔刷(见图 1—97),在颜色拾取器中,激活克隆颜色图标(见图 1—98),此时这种画笔就可以充当克隆画笔的作用了。绘画的效果见图 1—99。

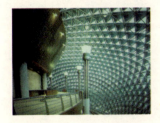

图 1—91 生成克隆文件

图 1—96 调整 Grain 参数

图 1—92 快速克隆

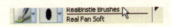

图 1—97 选择画笔

图 1—93 关闭描图纸

图 1—94 使用克隆画笔作画

图 1—98 激活色彩克隆功能

图 1—95 选择纸张

图 1-99　克隆效果

图 1-102　克隆图像

图 1-103　擦除不需要的部分

Painter 除了能方便地进行整张画面的克隆工作，还能进行点到点的克隆。所谓点到点的克隆就是先在源文件中确定要克隆内容的参照点，然后在目标文件上将原参照点的新位置也进行定位。这样，作者就能自由地把克隆的内容组织到自己的作品中去。在下面的实例中，笔者试着将图片一（见图 1-100）中的人物克隆到图片二（见图 1-101）上面去。具体步骤为：第一步，使用克隆画笔，或者在 Color 面板上激活克隆颜色图标然后选择合适的笔刷。第二步，激活源文件，按住 Alt 键，用压感笔点在定位位置，图上会出现一个表示已定位的绿色圆点和数字"1"（见图 1-102）。第三步，激活目标文件，建立新的图层，按住 Shift 和 Alt 键，用压感笔点在新的定位位置，当画面上出现红色圆点和数字"1"时即可运笔克隆图像。当有不需要的内容也被克隆到画面上时，可用橡皮将其擦除（见图 1-103）。

设置自己的工作面板

在作画过程中，经常需要变换并反复使用的是画笔和纸张。如每次都要从画笔选择栏或纸张选择器中去调用就会显得非常麻烦，如果能够建立自己的工作面板，将常用的画笔和纸张放置其中，直接调用，就能使工作变得十分简便。方法是将所选的画笔直接拖曳出画笔选择栏，建立独立的面板，拖动面板右下端三角，调整面板大小。再把所要用的其他画笔和纸

图 1-100　图片一

图 1-101　图片二

张的图标直接拖动到面板中，即完成工作面板的建立（见图 1-104）。如要对面板内的图标重新定位，需按住 Shift 键和 Ctrl 键的同时，再可以拖动图标到理想位置。另外，也可以通过点击 Window>CustomPalette>Organizer，对工作面板进行重命名和删除等操作（见图 1-105）。

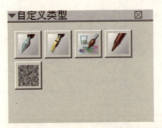

图 1-104　自定义工作面板

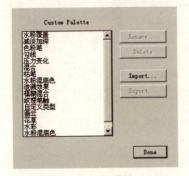

图 1-105　管理自定义面板

3. 熟悉 Piranesi 的基本内容

可以说 Piranesi 是伴随着 Sketchup 的流行而逐渐为大家所熟悉的。Piranesi 不仅仅是一个平面绘画软件，更确切说是一个 2.5 维的软件。区别于 Photoshop 与 Painter 这样的二维软件（Photoshop CS3 以后已经加入的三维处理能力），Piranesi 的 epx 文件中还包含了三维信息。用户可以通过图片中原本含有的三维信息来完成作图。从根本上来说，平面设计软件的一个核心就是选择，通过不同的选区来进行绘图设计。在 Photoshop 中有很大一部分的工具就是选择，包括套索，魔棒，蒙版等，还有许多抠像插件也是为了选择这个

目的。在效果图渲染中我们也常常在渲染出正图的同时渲染材质通道，其目的也是为了方便后期选择编辑。在 Piranesi 中，其解决选择的方法，是利用图片自身带有的三维信息，通过面、材质的不同锁定组合来实现。这种实现方式对于后期处理来说相当方便灵活。Piranesi 的画笔系统和其他的平面软件大同小异，对于熟悉 Photoshop、Painter 的用户来说很容易上手。此外，拜其 2.5 维图像所赐，Piranesi 还具有很强的贴图能力。只要设定配景贴图的高度，放入场景中，贴图会自动根据远近缩放大小，不需要像一般的平面软件一样考虑到透视高度的问题。而拾取阴影的功能又大大方便了阴影的添加，同时确保了场景中阴影的准确性，不需要借助插件或者手动添加。

Piranesi 从 3.0 版本到最新的 5.1 版本基本上没有太大的区别。以下将以 Piranesi 4.0 版本为样例进行介绍。

3.1　Piranesi 4 的界面

Piranesi 的界面主要由工具栏、工具箱、设置栏、贴图管理器以及样式浏览器等部分组成（见图 1-106）。以下将着重介绍一下工具箱和样式管理器。

工具箱（见图 1-107）

最上层区域是绘图工具，包括画刷工具，钢笔工具，画笔工具，填充工具，平移工具，缩放工具，图库工具。第二层为锁定工具，包括单面锁定，方向锁定，材质锁定，颜色锁定和锁定清除。第三层为绘图模式区域，这里可以选择绘图的方式，包括标准覆盖，描边，复原等效果。下方则是画笔、填充的颜色选择。第四层的材质和颗粒区域可以选择附加纹理。第五层的混合选项和下方的层叠选项可以配合使用，它们决定了画笔重叠的效果。笔者平时常用的包括以下两种模式，Paint 模式：相当于普通的画笔模式，颜色覆盖时会完全覆盖第一层颜色。Ink 模式：相当于透明叠加的效果，颜色覆盖时会融合下一层的颜色，比较适合模拟马克笔、淡彩等的效果。渐变选项提供了不同的画笔退晕效果，包括线性，放射性和照明。

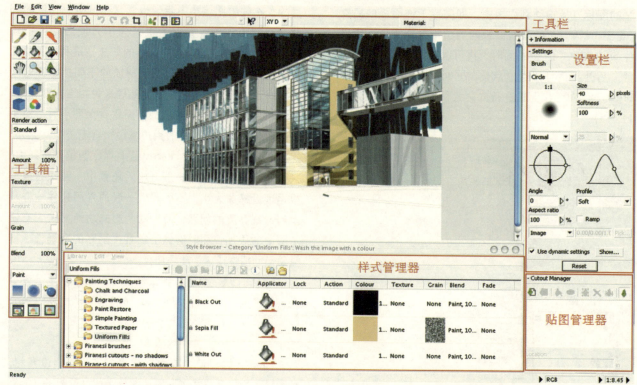

图 1-106 Piranesi 的界面

图 1-107 工具箱

样式管理器（见图 1-108）

样式管理器是 Piranesi 另一个重要的窗口。样式管理器作为悬浮窗口形式，通过单击图标调用。Piranesi 中已经预置了许多贴图，包括各种写实和手绘风格的配景，以及大量的预置画笔库。

下面简单介绍一下配景的插入设置。双击选择需要的配景插入图中，在图中需要插入的地方单击，此时在右方的贴图管理器中便出现了刚才插入的配景（见图 1-109）。我们可以通过点击配景前的可见选项和阴

图 1-108 样式管理器

影选项来开关配景以及配景的阴影。在默认情况下，新插入的配景不会有阴影。当场景存在阴影信息时，可以点击下面的"Update All"来显示阴影。当然也可以选择想更新阴影的配景，进行"Update Selected"选择更新（见图1-110）。但是如果场景中没有事先设定阴影信息的话，需要在软件中手动设定。其方法为：首先点击"Pick"，光标变为一个十字型，在图像中点击一个存在阴影顶点的物体投射点，拖动鼠标至相应的阴影顶点放开鼠标（见图1-111）。这时图像中的阴影信息已经被重新设定了。这时选择更新，图像中的配景就完全被更新显示了（见图1-112）。通过点取贴图管理器中的"Select"按钮可以选择图片中的配景进行编辑。在贴图管理器上方的设置栏中，我们可以对贴图的高度、角度等进行参数精确调节（见图1-113）。由于Piranesi完全包含了真实三维信息，因此我们只需按照配景的实际高度进行调节，不用担心透视的问题。

此外通过点击贴图管理器中的"Tweak"按钮可以直观调节贴图大小和位置。选中配景后单击调整按钮，配景四周出现一个调整框。通过拉动调节顶点可调节配景大小（见图1-114）。将鼠标放置在调整框区域内时会出现三种不同图标。黄色箭头时，可将配景在同一平面内左右旋转（见图1-115）。绿色箭头时，可将配景前后旋转（见图1-116）。红色箭头时，可将配景在图像中平移（见图1-117）。

图1-109　插入的配景

图1-112　全部更新阴影

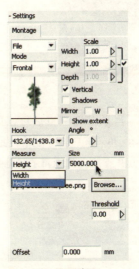

图1-113　设置贴图

图1-110　选定更新阴影

图1-111　设定阴影

图1-114　调节配景

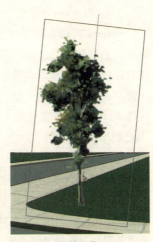

图1-115　旋转配景

图 1-116　移动配景

图 1-117　平移配景

图 1-119　画笔样式

当调节完配景后可以通过点击贴图管理器中的"Burn In"按钮合并配景。此时配景将成为图像中的一部分并不能再被编辑了（见图 1-118）。

图 1-118　合并配景到图像

3.2　Piranesi 的应用

Piranesi 可以实现很多艺术效果，包括手绘和真实效果。尤其善于表现淡彩和马克笔风格的手绘表现图。还可以对一些三维软件渲染出的真实图片进行进一步处理，例如添加配景人物、光晕等。下面将着重介绍一下 Piranesi 的画笔设置方法，自定义贴图以及 3ds Max 渲染 epx 的方法。

画笔设置

画笔是 Piranesi 的核心部分。Piranesi 提供了多种画笔方式：Circle、Rectangle、Raster、Multiple、Bristle 以及 3d 画笔（见图 1-119）。前三种画笔类型是最常用的笔型，通过不同的设置就可以满足大多数绘图要求。

Circle/Rectangle 画笔（见图 1-120）：Size 项用于控制画笔的大小，我们可以通过键盘快捷键"["和"]"进行快速放大缩小。Softness 项用于控制画笔的柔化边界。画笔还可分为 Continous（连续）模式和 Space（间隔）模式。下方图形中的节点能直接点击调节，可以直观地控制圆形画笔的长宽比和角度，我们也可以通过调节 Angle 和 Aspect 项参数来实现。Profile 项用于控制画笔的剖面形状即画笔退晕的方式，分为 Soft、Plateau 和 Spike 模式。Soft 是一种从中心向外均匀由深变浅的模式。Plateau 是一种中心区域颜色较深且面积较大，并向外迅速由深变浅的模式。Spike 是一种中心区域颜色较深且面积较小，并向外迅速由深变浅的模式。我们可以通过手动调节上方的曲线图节点来改变衰减的效果。当勾选 Ramp 项时，画笔的退晕模式将变为线性模式，比较适合模仿淡彩笔刷。当选择 Rectangle 画笔时，更适合用来模仿马克笔效果。

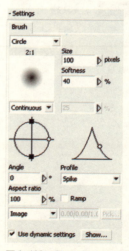

图 1-120　Circle/Rectangle 画笔

Raster 画笔（见图 1-121）：光栅画笔可以帮助我们实现很多圆形和矩形画笔不能实现的笔触效果。通过加载不同的位图文件，便可以将该位图形状作为笔刷的外形进行绘图。Piranesi 预置的一些笔刷很难满足我们的要求，因此我们需要自定义一些笔刷。Piranesi 支持 png，jpg 等多个格式的位图文件作为画笔，我们通常选用 png 格式。我们只需在 Photoshop 等平面软件中将笔触的背景删除，存为 png 格式。然后在 Setting 栏中点击 Browse 按钮，选择刚保存的位图文件就可以完成新建笔刷了。

图 1-122　锁定面板

这里需要注意的是，Piranesi 中的弧面都是由多个面片组成的。因此如果要表现出平滑过渡的效果，不宜使用平面或方向锁定，而仅仅使用材质锁定来完成绘画。当要表现锐利的高光时可以选择平面锁定的方式来作画（见图 1-123）。

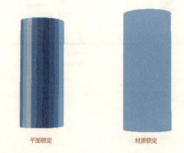

图 1-123　绘制弧面

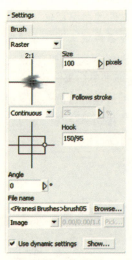

图 1-121　Raster 画笔

锁定组合

Piranesi 特有的锁定功能为我们提供了方便的处理"选择"问题的方式。锁定栏中分别有 Plane Lock 平面锁定，只能对单一平面进行操作；Orientation Lock 方向锁定，可以对相同方向的所有平面进行操作；Material Lock 材质锁定，只可对相同的材质进行操作；Colour Lock 颜色锁定，只可对相同颜色的区域进行操作。Clear Lock 则用于取消所有锁定设置（见图 1-122）。Piranesi 的锁定可以多个锁定同时使用，通过不同的组合，可以很方便地完成绘画。锁定的目标取决于画笔起始的表面，每次画笔单击都将确定新的锁定表面位置。

自定义贴图

在进行复合表现创作时，Piranesi 的默认配景素材往往不能满足我们的需求。我们需要将一些自己创作的配景素材插入到 Piranesi 的图像中。扫描一些手绘配景通过 Photoshop 简单处理也是一个不错的选择。通常这些自定义的配景可以使用 png 格式。在制作时必须将配景素材背景设置为透明。

下面以一棵树作为实例讲解。首先手绘完成素材，使用扫描仪将其扫到电脑中。使用 Photoshop 打开扫描得到的图像，用魔棒工具选择空白处，将背景删除（见图 1-124）。将文件保存为 Tree.png。打开样式管理器 Style Browse，点击 Library>New>Style Library。在弹出的对话框中输入文件名，这样就在样式管理器中建立了一个自己的图库目录（见图 1-125）。点击 Montage 图标，在右方的 Setting 设置栏中点击 Browse，选择刚才制作的 Tree.png，点击确定（见图 1-126）。回到样式管理器，选择刚才新建的目录，单击右键，选择

New Style（见图 1-127）。在弹出的对话框中输入样式的名字 Tree，这样我们就添加了一个可用的配景素材了（见图 1-128）。

图 1-128　完成自定义贴图

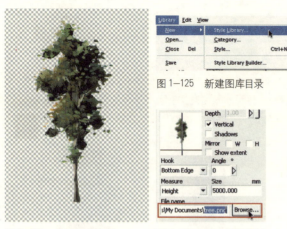

图 1-125　新建图库目录

从三维软件到 Piranesi 的方法

并非只有 Sketchup 软件可以导出 epx 文件供 Piranesi 使用。Piranesi 同样支持大多数的三维软件，包括 3ds Max、AutoCad、Cinema4d、Archicad 等。只要安装相应的导出插件即可。

选择 Help>Piranesi Homepage，登陆 Piranesi 的主页（见图 1-129）。点击左下角的 Plugin，在右边我们可以看到几乎所有的主流三维软件的导出插件（见图 1-130）。以 3ds Max 为例，下载插件到本地硬盘。复制 Saveepix.Bmi 到 3ds Max 的 Plugins 文件夹。启动 3ds Max，选择渲染，在保存选项下可以看到多了 Epx 的文件输出了（见图 1-131）。渲染保存以后，就可以在 Piranesi 中打开了。通过复原、描边等处理，就可以做出完全不同风格的效果了。

图 1-124　处理配景素材　　图 1-126　载入配景素材

图 1-127　新建样式

图 1-130　Piranesi 插件

图 1-129 Piranesi 官方主页

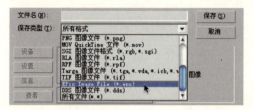

图 1-131 输出 epx 格式

被认作 3.25G 来使用。而 64bit 的系统则没有这样的限制了，而原生的 64bit Photoshop 在运行处理能力上相对 32bit 的 Photopshop 也有较大提高。（见图 1-132）。

图 1-132 输出 epx 格式

4. 相关硬件简介

4.1 符合需求的主机

复合建筑表现过程中需要同时使用许多大型的二维和三维软件，因此对电脑主机的综合能力要求较高。首先在三维应用中，建模时需要一块对 OpenGL 支持良好的显卡。现在多数主流显卡的专业性能都能满足大多数三维软件的要求，当然如果能拥有一块专业显卡自然能事半功倍了。在渲染时则需要一块运算速度更快的 CPU 来提高渲染速度。这里需要解释一个误区，渲染的速度除了受到内存大小的影响外，只与 CPU 的速度有关，与显卡无关。显卡只影响到建模时候的实时显示速度。如今多核 CPU 的出现大大加快了渲染的速度，即使使用 V-Ray，finalrender，maxwell 之类的高级渲染器也不需要在漫长的煎熬中等待了。

二维图像处理软件对内存有很大的需求。像 Photoshop，Painter 这样的大型软件，处理大分辨率图像时，尤其是包含多个图层的图像，如果内存不足而使用了虚拟内存，保存和打开的速度都会大大降低，同时也会提高死机的概率，那样就为时已晚了。因此对于图像处理来说内存当然是多多益善了。由于 32bit 系统最大支持的内存大小为 3.25G，即使用了 4G 的内存也只能

4.2 绘图帮手——鼠标与数位板

要进行数字图像创作自然就离不开顺手的输入设备。鼠标是最常用的输入外设，而随着硬件技术的快速发展，鼠标的性能也大大提升。在大尺寸显示器普及以前，鼠标一般都使用 400dpi 的分辨率。然而随着大尺寸显示器的出现，低分辨率的鼠标在屏幕上的移动速度会变得很慢（仅仅靠调节鼠标设置中的移动速度，实际操作就会出现跳帧的现象）。因此高分辨率鼠标无疑更适合这样的大屏幕。如今的高端鼠标已经能够达到 4000dpi 甚至更高的分辨率。但是对于数字图像创作来说，并不是分辨率越高越好。过快的移动速度并不利于控制，尤其是画笔之类的操作。笔者认为 400dpi～1000dpi 左右的分辨率是一个合适的范围。而市面上也不乏可以自由调节分辨率的产品，这也是两全其美的选择。

当然要绘制出满意的数字图像，单凭鼠标是不够的，数位板也是必不可少的工具。具有压力感应的数位板能够更淋漓尽致地表达作者的创作目的，压力感应也更加接近一般手绘的感觉。尤其是 Painter 这款软件中的很多画笔都需要压感来配合使用。笔者使用的是 WACOM 公司的 Intuos3 系列数位板。这个系列拥有 1024 阶的感应级，非常适合专业设计人员使用（见图

1—133）。WACOM 也拥有适合初学者使用的 512 阶感应级的数位板，比如贵凡系列，也能满足大多数的创作需要，同样是一个不错的选择。

图 1—133　输出 epx 格式

4.3　辅助设备——扫描仪与打印机

除了以上主要的装备外，还需要一些辅助设备来完善工作。扫描仪可以把一些手绘的图像输入电脑，进行继续创作或者作为一种素材来使用。这在商业插画创作中也是比较常用的方法。打印机可以用来将一些模型图片输出，再进行手绘创作，例如勾线，描边等，然后再输入电脑继续加工。

三、复合建筑表现画的基本步骤

根据对画面形式的设想，从笔者的实践经验来分析，复合建筑表现的基本流程大致可分为以下几种情况：

1. 使用 Sketchup 建模，并利用 Sketchup 渲染，或利用 V-Ray 插件进行渲染，将所得图像素材在 Photoshop 或 Painter 中进行后期复合。

2. 使用 Sketchup 建模，并导出 3ds 格式文件到 3ds Max 中进行贴图和渲染，将所得图像素材首先在 Photoshop 中进行基本的光影处理与图像合成，然后在 Painter 中进行手绘效果的复合。

3. 使用 Sketchup 建模，并渲染得到一部分图像素材；再将模型导入到 3ds Max 中进行贴图，并利用 V-Ray 插件进行渲染，得到另外一部分图像元素；最终将所有图像素材在 Photoshop 或 Painter 中进行复合。

4. 使用 Sketchup 建模，导出 epx 格式文件，在 Piranesi 中进行手绘效果的后期处理，然后再使用 Painter 进一步润色。

以上 4 种步骤和方法主要是用于透视图本身的复合效果的创作。

5. 主要针对建筑设计平、立、剖等基本图纸与透视图等多种内容的复合效果。建筑基本设计图纸可以使用 Autocad 绘制并导出图像文件，在 Photoshop、Painter 或 Sketchup 等软件中进行必要的渲染和形式处理；透视图的绘制同前 4 种方式。最后，将这些素材在 Photoshop 或 Painter 等软件中按照形式的设想进行合成，成为一张有机和完整的复合表现画。

第二章　实例解析一

大跨建筑的表现

- ■ 画面形式的分析
- □ 统一协调
- □ 秩序关系特点明晰
- ■ 所选用方法的分析
- ■ 作画的主要步骤
- □ 用 Sketchup 建立模型
- • 模型分析
- • 上部制作
- □ 下部制作
- □ 连接部分制作
- □ 用 V-Ray for Sketchup 渲染模型
- 建立关联材质
- 创建灯光
- 测试渲染
- • 渲染输出
- □ 用 Sketchup 导出图像
- □ 用 Photoshop 复合表现
- 合并图像
- 调整色调
- 画面调整
- □ 另一种复合形式

一、画面形式的分析

对于表现画中某些因素的强调就能形成形式的特点，改变画面内容的属性和不同内容的整合也同样是创造形式个性的有效方法。比如，将配景中人物的造型处理成剪影或动态模糊，把植物的色彩主观处理成与其他配景相似的同类色等等。

人的视觉容易被哪些画面形式所吸引呢？

1. 统一协调

画面的统一不仅反映在有序的明暗关系与和谐的色彩，还应该包括鲜明的作画手法，如凡·高的用笔特点强化了他的画面统一性，所以，用笔的笔触形态和方向是形成画面统一的重要因素。撇开具体的对象，用笔即是画面的肌理，处理好画面的肌理对于画面的统一性也是非常重要的。

2. 秩序关系特点明晰

画面中的秩序关系多种多样，有明暗秩序、色彩秩序、形态秩序、线条的疏密变化等秩序。对于具体的某张画面，形式秩序可能包括上述秩序中的几个方面，这些秩序在视觉效果上是融为整体、相互依存的，它们之间还会有一个主次关系。虽然明暗秩序建构了画面效果的基础，但当其他因素呈现的效果强烈时，这些秩序之间的秩序在视觉心理上就会重新排序，正因为这些秩序本身以及它们之间关系的多样性才导致作画风格丰富多彩。在视觉传媒艺术普及化的今天，个性化的作品易引人关注，风格与个性就要求作者在画面秩序的设计上下足功夫。不是每对关系都要深化，而是选择性地突出某个关系，削弱某个关系，从而使得画面形式的结构简约。当你用平均的观点去处理画面中的关系时，画面的形式往往显得一般。

二、所选用方法的分析

随着电脑技术的不断发展，要渲染出一张逼真的效果图已非难事。各种渲染器的出现也使这一过程变得越发简单与程式化。于是在许多表现图中，设计师为了寻求个性，也会在后期的处理中添加一些特殊的效果，比如描边、滤镜效果等。而 Sketchup 的草图效果则是另一种为设计师所青睐的表达形式。随着 Style 的引入，Sketchup 也能表现出更多丰富的效果。可以说上述这两者的风格各有所长。下面作者就将通过将两种不同风格的复合表现来展现一种全新的表现风格。

在 Sketchup 没有外挂渲染插件的时候，使 Sketchup 图像与 3ds Max 渲染图像重合一直是一个棘手的问题。因为 Sketchup 的相机和 3ds Max 有着很大的区别。而两者互导相机又存在着不直观和画面取景窗口大小不同的问题，因为 Sketchup 输出图像的比例是受可视窗口大小比例限制的。但随着 V-Ray for Sketchup 等一些渲染插件的出现，这些问题迎刃而解，也为我们进行 Sketchup 效果复合提供了便利的条件。本节将主要讲述如何实现渲染图与 Sketchup 消隐线框图复合的过程。主要步骤分为在 Sketchup 中建模，通过 V-Ray for sketcup 渲染透视图，最后将其与 Sketchup 消隐线框效果在 Photoshop 中进行复合。

三、作画的主要步骤

1. 用 Sketchup 建立模型

1.1 模型分析

这是一张大跨建筑的透视图，我们将首先使用 Sketchup 来建立这个模型（见图 2-1）。图中的建筑由左右两个完全对称的部分构成，中间通过连廊与支撑构建连接。每一部分又可分为上下两个构件，而每个构件也是左右对称的。建筑形式相对简洁，因此整体表现上要注意线的疏密程度，使线面达到一种平衡感和韵律感。

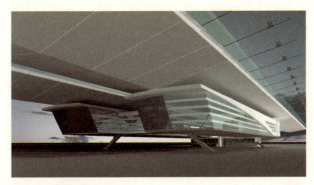

图 2-1 参考图片

1.2 上部制作

①绘制截面形状，新建一个白色材质赋予截面。点击 Pull（推／拉）拉伸物体至 4m，将整个物体做成 Component（组件）（见图 2-2）。

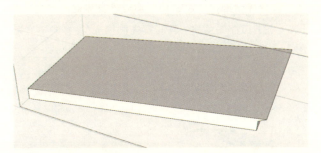

图 2-2 拉伸截面并成组

②绘制玻璃截面形状：新建一个透明玻璃材质赋予截面。注意设置弧形表面的分段数，这里我们设置为 18 段左右。点击 Pull（推／拉）拉伸物体至 4m，将整个物体成 Component（见图 2-3）。

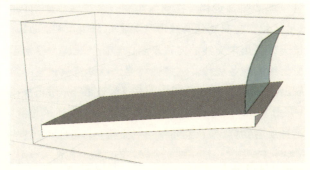

图 2-3 绘制玻璃栏板

③复制新组件，右键单击，在弹出的面板中选择 Flip Along（沿轴镜像）>Component'S Red（红色轴方向）。将镜像后的组件与原组件合并，再次组成新的 Component（见图 2-4）。

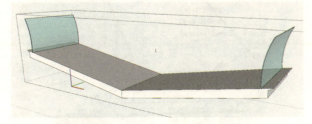

图 2-4 镜像组件

④制作照明灯具：绘制灯杆矩形截面与路径，点击 Follow Me（跟随路径）进行放样，得到底部支撑杆，并将物体做成 Component（见图 2-5）。创建一个立方体组件，选择一个表面，点击缩放工具，按住 Ctrl 键进行中心等比放大，形成一个锥台的形状（见图 2-6）。将灯具调整至杆件中心位置。将支撑杆与灯具移动到构件的中点。用 Line 工具从支撑杆顶点到玻璃顶点绘制两条直线。绘制矩形截面，沿这两条直线放样形成拉锁。将整个灯具构件成组（见图 2-7）。

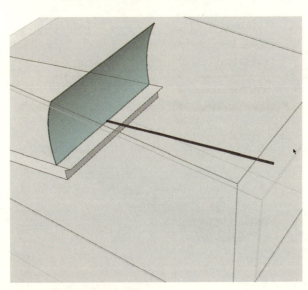

图 2-5 放样底部制作支撑杆

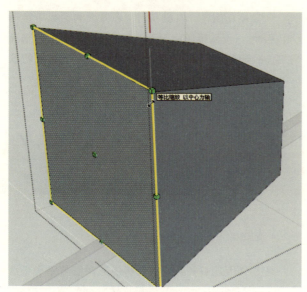

图 2-6 使用表面缩放制作灯具

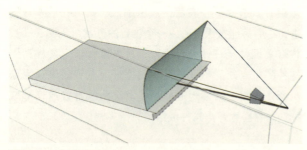

图 2-7 绘制拉索

这样标准构件就制作完成了。复制 40 个构件，注意为了在渲染中看到构件之间的分缝，要将每个构件之间留出一定间隙（见图 2-8）。

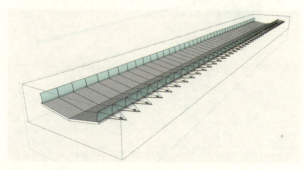

图 2-8 复制标准构件

1.3 下部制作

建筑下部也是由两个完全相同的部分组成（见图 2-9），而每一部分也是由完全相同的两个构件组成。因此只需制作 1/4 的构件后，镜像复制即可。

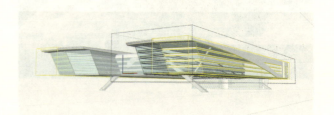

图 2-9 建筑下部

① 绘制一个长为 55m 宽为 5m 的矩形，使用 Line（线）和 Arc（弧线）工具，将矩形轮廓修改为如图形状，删除多余部分。将白色材质赋予该表面，点击 Pull（推／拉）拉伸面至 4m，并将物体制作成 Component（见图 2-10）。

图 2-10 绘制模型轮廓

② 编辑该组件，在侧面绘制一条弧线，使用 Pull（推／拉）工具将组件修改成如图形状（见图 2-11）。接下来将将用求交线的方法来制作前部的弧面。在水平面上绘制一条弧线，注意弧线要比组件宽稍长些。绘制出剖面形状，使用 Follow Me（跟随路径）进行放样（见图 2-12）。将放样的物体放到组件中合适的位置。选择所有物体，右键 Intersect（交错）>Intersect With Model（模型交错），得到两个物体的交线（见图 2-13）。删除多余的部分（见图 2-14）。

③ 用 Rectangle（矩形）工具绘制底座的造型，并使用 Line（线）和 Arc（弧）工具修改外形。最后使用 Pull（推／拉）拉伸面至 200mm。将一个灰色材质赋予物体，将整个物体制作成 Component（见图 2-15）。

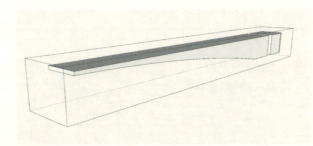

图 2-11　修建外形

图 2-15　绘制楼板

④ 以底座为基础绘制玻璃体轮廓。使用 Pull（推／拉）工具拉伸物体并通过移动边线的方法，调整玻璃体的体形（见图 2-16）。在原组件上使用 Pull（推／拉）工具推伸出窗的位置。将玻璃体与外轮廓炸开，全部选择，右键 Intersect（交错）>Intersect With Model（模型交错），得到两个物体的交线，并删除多余的部分（见图 2-17）。

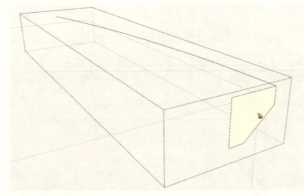

图 2-12　放样截面

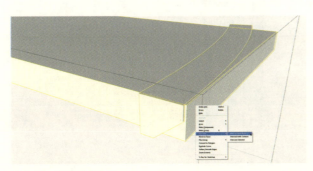

图 2-13　计算模型交线

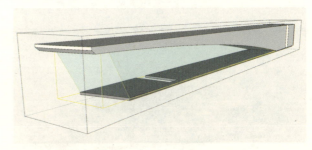

图 2-16　绘制玻璃体

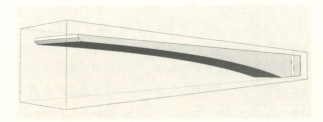

图 2-14　删除多余的部分

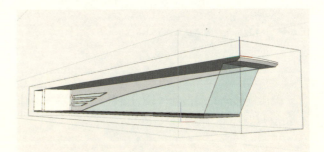

图 2-17　计算交线并删除多余的部分

⑤制作内部钢框架：使用Line（线）工具绘制界面和路径。使用Follow Me（跟随路径）进行放样，得到钢框架模型（见图2-18）。将物体制作成Group（群组），并等距复制三个。逐一调整框架的大小至合适位置（见图2-19）。使用镜像和复制命令完成建筑的下部的制作（见图2-20）。

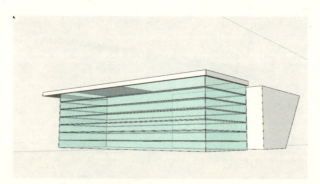

图2-21 完成后方连接部分

图2-18 绘制钢框架

②使用Circle（圆）工具绘制一个圆，使用Offset（偏移）工具绘出圆环，并在一侧绘制出缺口，删除多余部分。使用Pull（推／拉）工具将面推拉至7m。将物体制作成Component（见图2-22）。

图2-19 复制钢框架

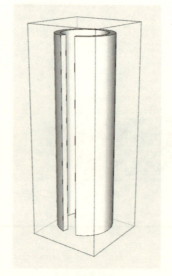

图2-20 镜像组件完成建筑下部

图2-22 绘制截面并拉伸

1.4 连接部分制作

①连接部分的后部制作较为简单，注意在玻璃体上画出分割线。（见图2-21）。

③使用Line（线）和Arc（弧线）绘制支架的轮廓，点击Pull（推／拉）拉伸面至500mm（见图2-23）。绘制支架的底座和支撑杆。绘制支撑杆的时候可以先在平面上绘制，然后使用移动和旋转命令将其放置到正确的位置（见图2-24）。将整个物体制作成Component，然后镜像复制。这样后部的连接部分就完成了（见图2-25）。

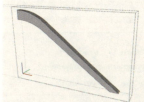 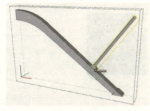

图 2-23　绘制支架　　　　图 2-24　绘制支架底座及支撑杆

 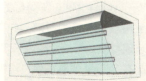

图 2-27　绘制连廊　　　　图 2-28　绘制钢框架

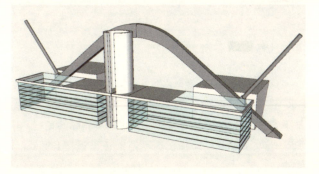

图 2-25　镜像模型完成支架

图 2-29　完成模型

④将后部支架复制一个到前部，并将其放置在下部组件的空隙处（见图2-26）。使用Line（线）和Arc（弧线）绘制前部连接部分的轮廓，点击Pull（推/拉）拉伸面至9m。为不同部分赋予不同材质（见图2-27）。使用Line（线）工具绘制界面和路径。使用Follow Me（跟随路径）进行放样，得到钢框架模型（见图2-28）。这样整个模型就完成了（见图2-29）。

2. 用 V-Ray for Sketchup 渲染模型

接下来我们将使用 V-Ray for Sketchup 对模型进行快速渲染，以获得复合表现所需要的透视素材。需要注意的是，我们并不是为了获得完美逼真的渲染效果图，而是通过渲染来获得Sketchup所没有的反射、折射、阴影等效果，增加建筑主体的质感，从而丰富复合表现的效果。

2.1 建立关联材质

我们并不需要对所有的材质都进行关联，只需对存在反射和折射的物体进行设置。首先我们需要将材质命名以便能分辨清楚（见图2-30）。

图 2-26　复制一个支架到前部

图 2-30　调整材质名称

①玻璃材质：点击 Material 按钮打开 V-Ray 材质控制面板。右键单击 Scene Materials>Add Material>Add V-RayLinkedMtl。在弹出的菜单中选择 Glass，也就是上层玻璃栏板的材质。这样我们就创建了一个关联的玻璃材质。可以发现由于我们事先赋予了透明材质，因此在 V-Ray 的材质中已经默认添加了 Reflection Layers 和 Refraction Layers（见图 2-31）。打开 Reflection 栏，适当调低 Reflection 值，点击 M 按钮在弹出的设置窗口中将 Fresnel 改为 None，这样上层玻璃栏板的反射就更加明显（见图 2-32）。由于我们希望使下部的玻璃更加通透以能表现出内部的构件，我们将不为该材质添加反射图层和折射图层，而仅将其作为透明物体来处理（见图 2-33）。

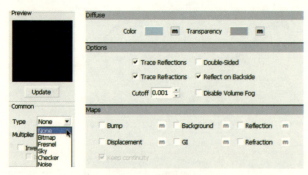

图 2-32 关闭 Fresnel 反射　　图 2-33 下方玻璃体材质设置

②金属材质：右键单击 Scene Materials>Add Material>Add V-RayLinkedMtl。在弹出的菜单中选择 Steel，也就是下方支架的材质。右键单击 Reflection Layers，点击 Add New Layers，添加反射图层。适当调低 Reflection 的值。

2.2 创建灯光

首先为模型创建一个相机，模型调整到合适的角度，点击 View（查看）>Animation（动画）>Add Scene（添加页面）。

①点击 Create A V-Ray Infinite Plane，创建一个无限大的地面，可以放置在模型中任意位置，但需注意其高度为整个模型的底面，同时赋予一个灰色的材质（见图 2-34）。

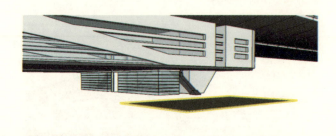

图 2-34 创建地面

②点击 Create A V-Ray Omni>Directional Light，在模型的右下方创建一个 V-Ray 泛光灯用来模拟太阳光。调整灯的高度，使其稍高于建筑物（见图 2-35）。

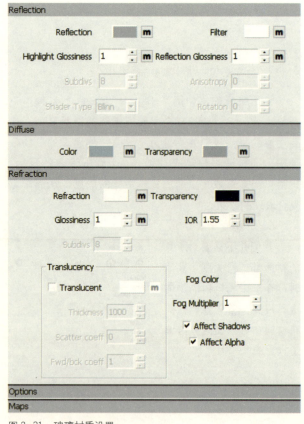

图 2-31 玻璃材质设置

右键单击该泛光灯，选择 V-Ray For Skethcup>Edit Light。在弹出的设置框中调节灯光的强度。注意由于我们不使用物理相机而是用 Sketchup 默认的相机，因此我们需要将灯光强度调节到很小的数值。这里我们暂时设置到 1.5 左右，同时将光色调节到一个较暖的颜色（见图 2-36）。在测试渲染阶段我们对其他参数不作调整。

③ 点击 Option 按钮打开渲染设置窗口，打开 Environment 栏，勾选打开 GI 选项，用于模拟天空光。调整一个白色的天空光颜色，将数值暂时设置为 0.5。同时将背景也设置为浅蓝色（见图 2-37）。这样基本的灯光设置就完成了。

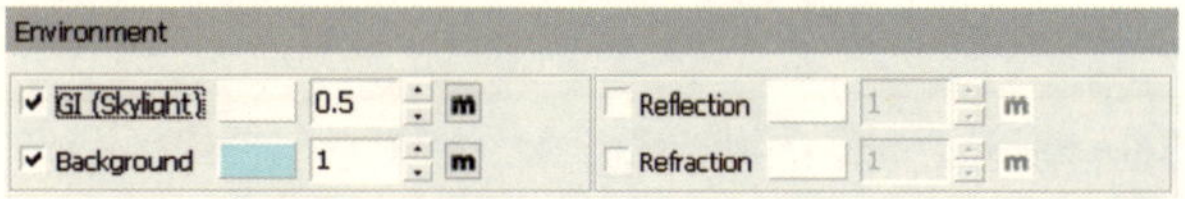

图 2-37　设置环境光与背景

2.3　测试渲染

① 点击 Option 按钮打开渲染设置窗口，打开 Camera 栏，保证 Physical Camera 选项关闭（见图 2-38）。在 Output 栏中，设置输出大小为 Sketchup 窗口尺寸，这是为了后期处理时能与 Sketchup 线框图完全重合。同时按下 L 按钮锁定比例，方便渲染正式图时调整分辨率（见图 2-39）。在 Image Sampler 栏下将采样设置为 Adaptive Subdivision 模式，同时关闭 Antialiasing Filter 选项，加快测试渲染的速度（见图 2-40）。打开 Indirect Illumination 栏，将 Primary Engine 设置为 Irradiance Map。将 Secondary Engine 设置为 Light Cache（见图 2-41）。打开 Irradiance Map 栏，将 Max Rate 和 Min Rate 分别设置为 -2 和 -3，将 Hsph Subdivs 设置为 20（见图 2-42）。打开 Light Cache 栏，将 Subdivs 设置为 500（见图 2-43）。

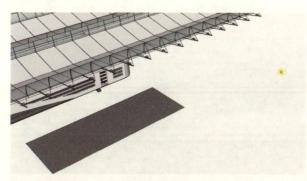

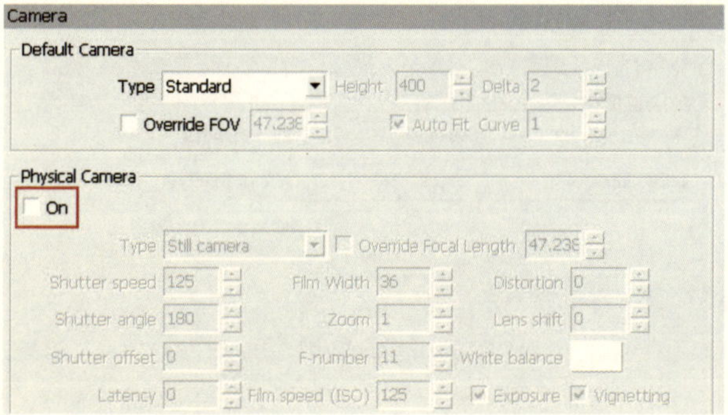

图 2-35　创建一个点光源来模拟日光

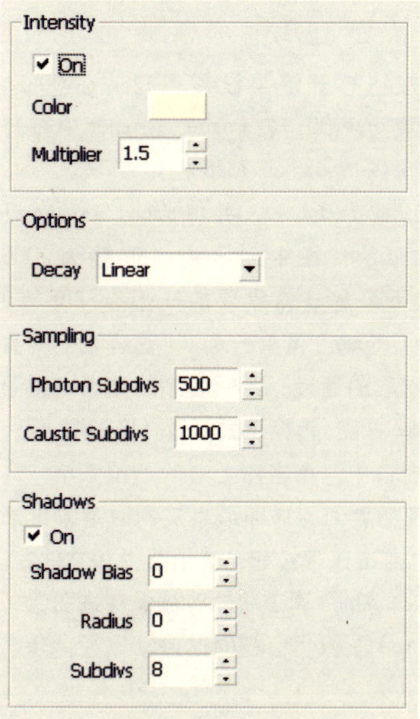

图 2-36　点光源设置参数

图 2-38　关闭物理相机

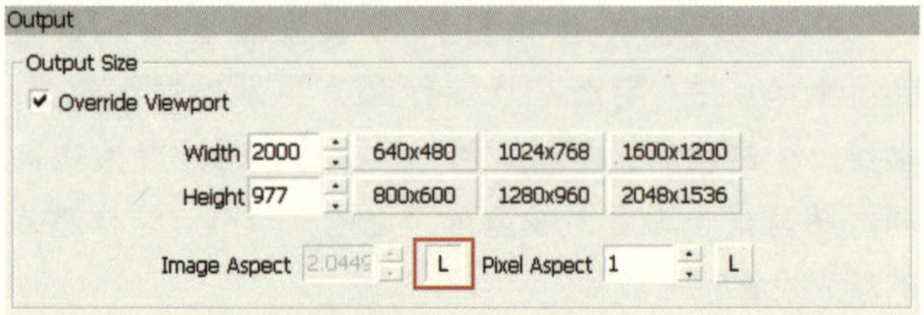

图 2-39 锁定输出图像长宽比

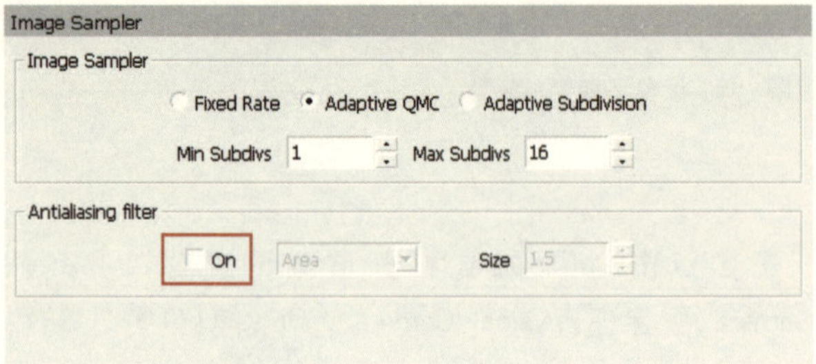

图 2-40 关闭抗锯齿

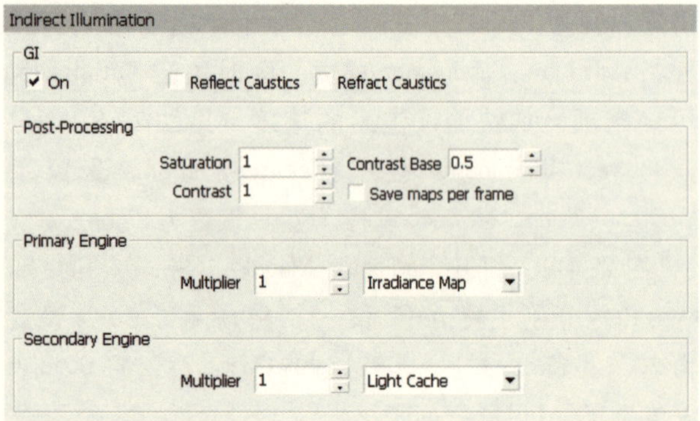

图 2-41 设置渲染引擎

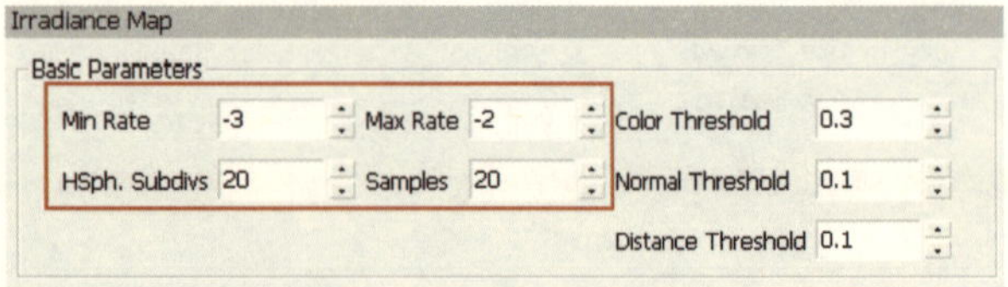

图 2-42 设置采样值

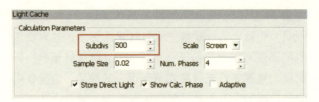

图 2-43 设置 Light Cache 细分值

②点击 Render 按钮，进行渲染。在得到的图像中，基本能看到玻璃和金属材质的表现了（见图 2-44）。

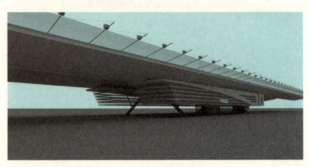

图 2-44 测试渲染

2.4 渲染输出

点击 Option 按钮打开渲染设置窗口，在 Output 栏中将分辨率设置为 3000。在 Image Sampler 中打开 Antialiasing Filter。将 Irradiance Map 栏中的 Max Rate 和 Min Rate 分别设置为 0、-3。并将 Hsph Subdivs 设置为 50。将 Light Cache 栏中的 Subdivs 调整为 1000（见图 2-45）。接下来是非常重要的一步，打开 VFB Channels 栏，选择 Diffuse，再单击 Add。这样我们就为图像添加了一个材质的通道，方便后期的处理（见图 2-46）。点击 Render 按钮，渲染正式图像（见图 2-47）。在渲染完的缓存窗口中，点击左上方的下拉菜单，选择 Diffuse。这时我们看到材质通道也被同时渲染出来了（见图 2-48）。点击保存按钮，选择路径和文件名。选择 tga 格式，这样 Alpha 通道将同时被保存进图像文件中了。此时 Diffuse 图像也会被同时自动保存，非常方便。

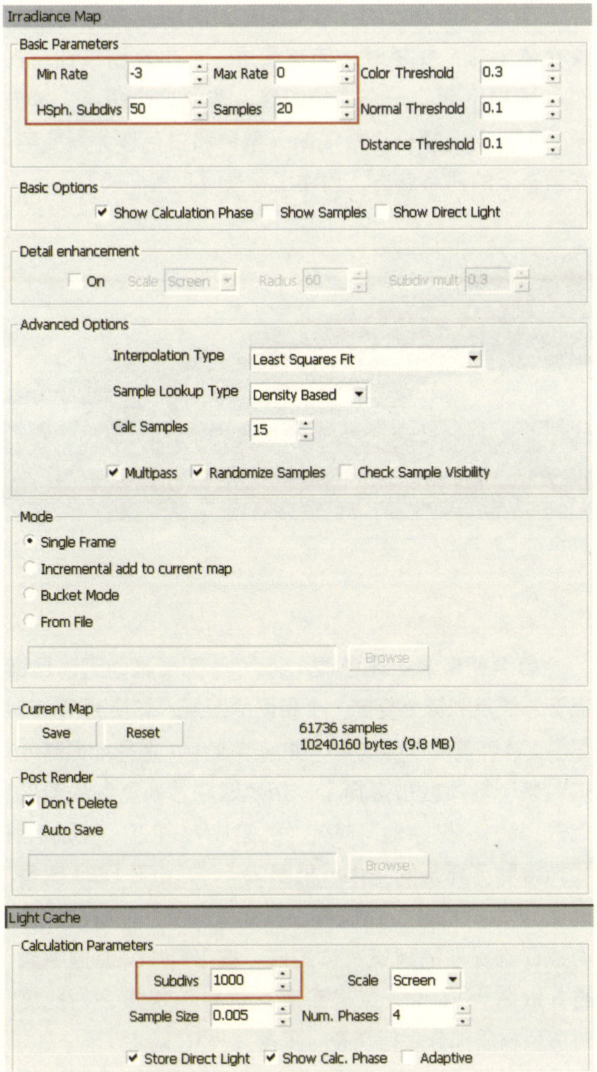

图 2—47 透视渲染图

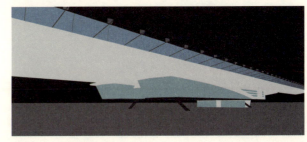

图 2—48 材质通道

3. 用 Sketchup 导出图像

打开 Sketchup 模型，为了给线框图添加一些线条肌理，我们在上部构建的大片空白面上添加间距为 150mm 的线条（见图 2—49）。这里需要注意线条的密度，以保证导出图像时不会因为过密而融成一团黑色。选择 Hidden Line（消隐）显示模式。点击 File（文件）＞Export（导出）＞2d Graphic（二维图像）。选择 jpg 格式，务必将分辨率设为与渲染图相同（见图 2—50）。

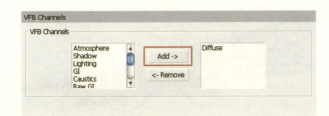

图 2—45 提高采样值和细分值

图 2—46 添加渲染通道

图 2—49 添加线条

图 2-50　导出消隐图

4. 用 Photoshop 复合表现

4.1 合并图像

①在 Photoshop 中打开刚才渲染得到的图像和材质通道，同时打开 Sketchup 输出的线框消隐图。以渲染图为底图，按住 Shift 键，将材质通道图和线框消隐图分别合并到图像中。将材质通道图层命名为 Channel，线框消隐图层命名为 Line。切换到通道面板，按住 Ctrl 键同时选择 Alpha 通道（见图 2-51）。切换回图层面板，选择渲染图所在图层，按下 Ctrl+J 新建图层。这样我们就获得了一个新的去除背景的渲染图了，将该图层命名为 Front（见图 2-52）。

图 2-51　选择图像通道

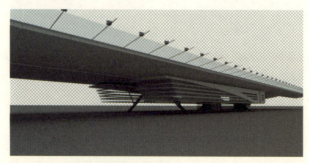

图 2-52　提取去除背景的渲染图

②添加背景天空：调整图层顺序，将 Line 层放置在最上方，并暂时关闭该图层。点击复制按钮，在 Front 图层下新建一个空的图层。选中这个图层，单击渐变工具。选择一个较浅的天蓝色和白色作为渐变色。在画布上的两点点击，创建出背景（见图 2-53）。

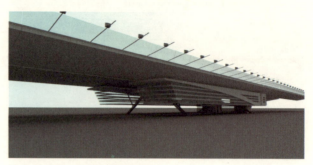

图 2-53　使用渐变工具添加天空

4.2 调整色调

①调整建筑主体色调：将 Front 图层拖动到图层面板下方的复制键上复制一个相同的图层。切换到 Channel 图层，将容差值调整到 10，并勾选连续。选择地面部分，这时整个地面就被选择了。切换回刚才新复制的图层，点击 Delete，删除地面部分，关闭 Front 图层，可以看到我们得到了建筑的主体（见图 2-54）。打开 Front 图层，选择 Channel 图层，用魔棒工具选取所有白色材质部分。切换回刚提取的建筑主体图层，按下 Ctrl+J 新建图层，将其取名为 White。点击图像＞调整＞亮度／对比度，对白色材质部分进行调整（见图 2-55）。

图 2-54　删除地面以得到建筑主体

图 2-55　调整白色材质部分

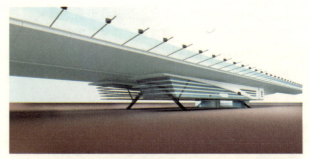

图 2-58　为地面添加杂色

②调整玻璃色调：使用同样的方法提取玻璃材质到新图层。使用图像＞调整＞色相／饱和度以及亮度／对比度来调节玻璃的色调（见图 2-56）。

4.3　画面调整

①使用 Sketchup 线框：重新打开 Line 图层，将合并样式改为正片叠底。这样整个 Sketchup 的线框就完美地覆盖在整个渲染图上了（见图 2-59）。但是平均的线条布置使图面感觉过于紧了。因此我们也为线框图层加上一个蒙版。选择该蒙版，在画布上，用画笔工具减弱一些远处的线条，以突出主体部分的对比度（见图 2-60）。

图 2-56　调整玻璃材质色调

②制作地面倒影：使用前面的方法复制出一个建筑主体的图层和线框图层。将两个新建的图层合并。

③调整地面色调：使用同样的方法提取地面材质到新图层。同样使用色相／饱和度命令，调整一个偏橙色的色相，并使用加深／减淡画笔对局部明暗进行处理（见图 2-57）。点击滤镜＞杂色＞添加杂色，勾选单色和高斯分布方式，点击确定，为地面增加一种肌理(见图 2-58)。

图 2-59　合并消隐线框图

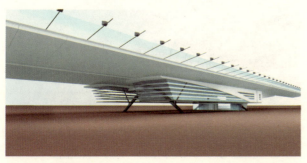

图 2-57　调整地面色调

图 2-60　使用蒙板调整线框图

按住 Ctrl+T，调整图层位置。右键单击垂直翻转，将该图层镜像。调整倒影的位置，并调节图层透明度到 40%。再新建一个蒙版，使用画笔工具擦去交界处的倒影图像（见图 2-61）。

④将图像另存为 jpg 格式图像，在 Photoshop 中单独将其打开。点击图像＞调整＞亮度／对比度，再次调整整个画面的对比度（见图 2-64）。

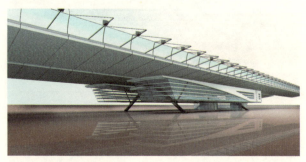

图 2-61　制作地面倒影

图 2-64　调整画面对比度

③添加配景：增加一些远近配景（见图 2-62）。增加近景处黑白人物配景，注意人物的高度和透视关系，并适当调整透明度（见图 2-63）。

⑤为图像添加画布肌理：点击滤镜＞纹理＞纹理化，在弹出的设置面板中，将缩放设置为 80%，将凸现设置为 3（见图 2-65），最终效果如图 2-66。

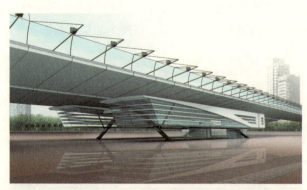

图 2-62　添加远景

图 2-65　添加画布纹理

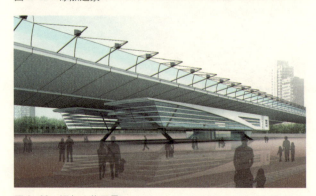

图 2-63　添加人物配景

图 2-66　最终效果

与一般的 Sketchup 直接渲染图像相比较，这张表现画的明暗更富有层次感，肌理的处理和人物剪影的运用，使整张作品呈现一种混搭装饰的现代感。

5. 另一种复合形式

接下来我们将使用同样的素材进行另一种风格的复合。

①使用 Photoshop 新建一个画布，打开刚才复合完成的图像，将其插入到画布中，打开先前的渲染图素材，将其也插入到画布中。插入时注意两者图像要完全重合（见图 2-67）。选择渲染图所在图层，为该图层添加一个蒙版。选择该蒙版，使用画笔工具，调整画笔大小到一个比较大的尺寸，在图像的四周进行描绘，使下部的图层与渲染图图层产生透叠的效果（见图 2-68）。

②在所有图层上新建一个图层，用白色将其填充。将图层的混合样式改为"叠加"。选择画笔工具，将画笔尺寸调小，在图像中进行排线。注意线的方向和叠加方式（见图 2-69）。完成后使用"亮度／对比度"命令调节整体线条的深度（见图 2-70）。

图 2-69　为图像添加排线肌理

图 2-67　将渲染图合并到原图像中

图 2-70　调整线条深度

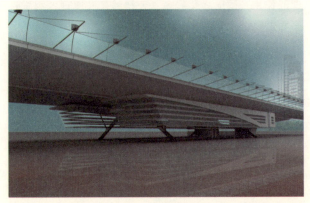

图 2-68　使用蒙板工具复合两个图层

③使用前面提到的方法，提取建筑主体到新的图层，并切换到该图层。使用"亮度／对比度"命令对建筑主体进行整体调整（见图 2-71）。

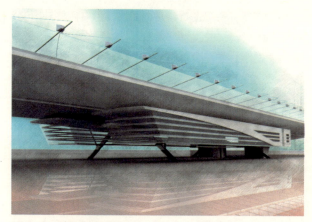

图 2-71 调整建筑主体

④将先前准备好的线框图原位插入到建筑主体图层的上面,将图层混合样式改为"正片叠底"。为该图层添加一个蒙版,选择该蒙版,使用画笔工具进行涂抹,对线框图进行减弱处理(见图 2-72)。

图 2-72 复合线框图

⑤将植物配景插入画布中建筑主体图层下方。同样使用添加蒙版的方法,减弱不需要的部分,尽量突出建筑主体(见图 2-73)。将配景人物拖动到图像中。调整人物的位置,同样使用蒙版工具,擦去一些不需要的配景(见图 2-74)。

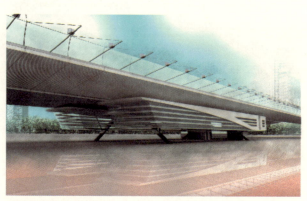

图 2-73 添加远景

图 2-74 添加人物配景

最终效果如图 2-75,这张作品的形式更加强调肌理的作用,同时弱化线条,使得线条和肌理的视觉秩序发生变化,画面形式也随之转变。

图 2-75 最终效果

第三章　实例解析二

别墅的表现

- 形式的分析
- 所选用方法的分析
- 作画的主要步骤
- 用 3ds Max 渲染基础图像
- 从 Sketchup 到 3ds Max
- 给对象赋材质
- 相机的设置
- 灯光的设置
- 渲染图像
- 通道的制作
- 配景手绘部分制作
- Photoshop 后期制作
- 合并图像文件
- 调整主体建筑
- 用 Painter 绘制水粉的风格
- 水彩效果的处理
- 阴影的处理
- 局部的克隆
- 强调过渡和对比
- 对材料的刻画
- 强调面的转折
- 阳台细部的刻画
- 天空的处理
- 路面的画法
- 植物等配景的处理
- 添加人物
- 调整画面关系
- 添加画面肌理

一、形式的分析

表现内容与表现形式没有直接的对应关系，但的确有的内容被穿上相应的形式外衣以后，会给人以更多的想象空间和美感。将原本属于手绘表现画的那种率真的自然流露的形式嫁接到计算机的模型和光影中后，就能使原本较为机械的形式散发出朴实和清新的韵味。

二、所选用方法的分析

虽然 Painter 能模拟手绘作画的效果，但笔触变换的灵活性和有些效果制作还是存在一定的欠缺，因此，作者打算在此实例中采用手绘和电脑相结合的方法。建筑部分使用 Sketchup 模型，在 3ds Max 中进行渲染，再使用 Photoshop 软件对其明暗关系进行基本的后期处理；将画面中大部分植物配景用水粉方法绘制，然后扫描进计算机，在 Photoshop 软件中把配景与建筑部分进行合成，这样有利于对建筑明暗关系的调整和画面整体关系的掌控；最后，运用 Painter 软件完成对建筑部分的手绘效果处理和配景的再加工。

三、作画的主要步骤

1．用 3ds Max 渲染基础图像

1.1 从 Sketchup 到 3ds Max

打开 Sketchup 模型，点击 File（文件）>Export（导出）>3d Model（3 维模型）。选择 3ds 格式，点击 Option（选项）按钮。在弹出的选项框中，选择 Single Object（单个物体）方式。由于我们事先没有调整模型的法线方向，因此在这里勾选导出 Export Two-sided Faces。（如果在建模时赋予每个面正反两面同样的材质，就可以不用考虑在 Max 中的法线方向了。在导出时选择导出双面，便可在 Max 中渲染出正确的效果。）由于制作的底图包含贴图，因此也需要勾选 Export Texture Maps（导出贴图）。最后点击 Ok 确定导出（见图 3-1）。

图 3-1　导出模型

打开 3ds Max 软件。点击，文件＞导入。选择刚才导出的 3ds 文件。在弹出的窗口中，选择完全替换当前场景，并勾选转换单位（见图 3-2）。点击确定，模型被导入。

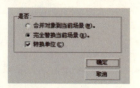

图 3-2　导入模型

1.2 给对象赋材质

首先我们来着重讲解一下如何在 3ds Max 中分离材质。

由于我们的模型面数较多，所以模型被自动拆分为两个物体导入。打开材质编辑器面板，用吸管工具在模型上单击，对象所用的材质就会显示在材质编辑器上（见图 3-3）。由于选择 Single Object（单个物体）方式，因此在 Sketchup 中赋完材质的模型在 3ds Max 中所显示的材质类型是多重次物体材质（见图 3-4）。每一种次物体材质都代表场景中已使用的具体材质。对于一般材质的设置，只需单击次物体一栏的按钮，进入该次物体的材质编辑器，对相应参数进行调整。由于是 Sketchup 建模的缘故，在明暗器基本参数卷展栏里，要根据材质类型调整明暗器类型，并勾选 2-Sided；对于透明材质，在扩展参数卷展栏里，要调整滤色的颜色。而在 3ds Max 中，若要方便地对某个物体进行精确贴图，或者在灯光照射时要用到"排除／包括"功能，就需要把次物体从整个物体中分离出来。其操作步骤为：首先从材质编辑器上，记下要分离次物体材质的 ID 号码；选择整个物体，进入修改面板的可编辑网格修改器，选择元素层级，在选择 ID 栏里输入 ID 号码，再单击选择 ID 按键（见图 3-5），这时被选择的次物体将呈现红色，最后在修改面板的编辑几何体栏目里，点击"分离"按钮，在弹出的活动面板上输入分离物体的名称，

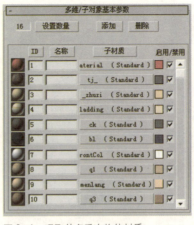

图 3-4 吸取的多重次物体材质

图 3-6 分离材质并命名

图 3-5 用 ID 号选择材质

点击确定（见图 3-6）。这样使该材质的所有面将被分离为一个独立的可编辑网格物体。将另一半物体中同样的材质也用相同的方法分离出来。

使用上面的方法一一分离需要重新贴图的材质。实例中材质的设置参数如下：

屋顶材质（见图 3-7）、玻璃材质（见图 3-8）、墙体石材（见图 3-9）、金属材质（见图 3-10）、其他材质（见图 3-11）

这里需要注意的是，虽然导入的模型被分为两个物体，但调整一个多重次物体材质中的次材质时，另一个多重次物体材质中相同名称的次材质也会同时变化。因此不需重复调整。

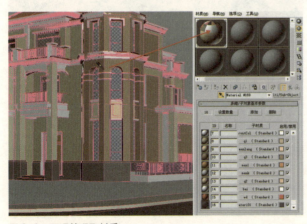

图 3-3 用吸管吸取材质

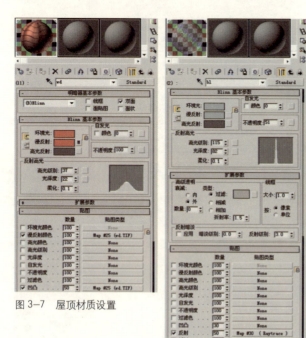

图 3-7 屋顶材质设置

图 3-8 玻璃材质设置

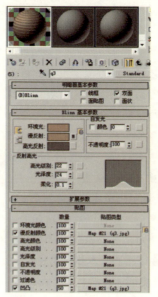

图 3-11 其他材质设置

1.3 相机的设置

在创建面板上，点击照相机按钮，选择目标相机。在顶视图上，用鼠标确定视点和目标点创建相机（见图 3-12）。在前视图中，将相机的高度调整至 1.6m，将目标点的高度适当调高。打开修改面板，观察相机视图的同时，调整镜头和视野的参数，直到得到满意的透视效果（见图 3-13）。

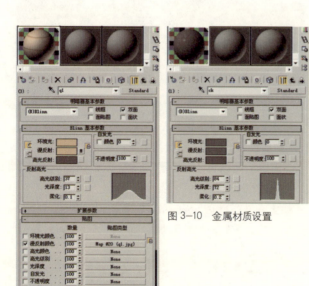

图 3-9 墙体材质设置

图 3-10 金属材质设置

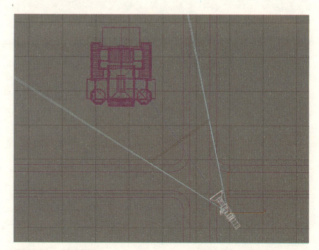

图 3-12 创建相机

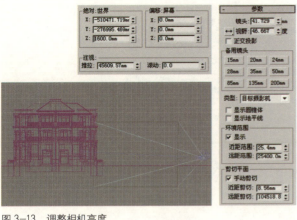

图 3-13 调整相机高度

图 3-15 设置主光源参数

图 3-16 设置辅助光源参数

图 3-18 设置底面补光参数

1.4 灯光的设置

点击渲染 > 环境，在弹出的面板中将环境光改为黑色（如图 3-14）。

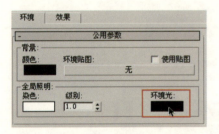

图 3-14 调整环境光颜色

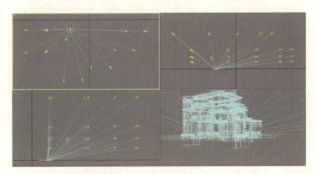

图 3-17 复制辅助光源

在建筑的受光方向设置一个目标聚光灯作为主光源，将阴影设置为光线追踪模式，设置其他参数（见图 3-15）。

在顶视图，沿视点方向布置一个目标聚光灯，设置灯的参数（见图 3-16）。用关联拷贝的方式将灯在视点方向均能观察到的范围内均匀布置（见图 3-17）。然后，在前视图调节聚光灯到不同的高度，这样就完成了环境光的布置。使用关联复制光源是为了以后渲染调节环境灯光亮度的方便。

在建筑的底部新建一个泛光灯，作为建筑底面的补光，设置灯的参数（见图 3-18）。

1.5 渲染图像

打开渲染面板，设置分辨率，保存图像文件的格式为 tga，此渲染的图像为后期处理的正式图像。

1.6 通道的制作

另保存一个 max 格式文件，专门用作材质通道的制作。通道的制作方法是打开材质编辑器，调节相关材质的颜色，并将自发光数值调到最大，将所有透明材质的不透明度调到最大，并去除所有贴图和反射高光设置（见图 3-19）。为了使场景没有光源的影响，仅保留一盏灯的情况下，删除其他所有灯，并将保留的这盏灯关闭（见图 3-20）。因为，如删除所有灯，软件缺省设置的两盏灯自动开启。渲染通道图像的大小和格式同渲染正图一样。

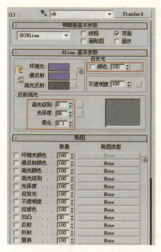

图 3-19　材质通道图的材质设置

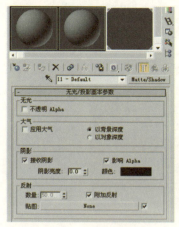

图 3-21　"无光／投影"材质

图 3-20　保留一盏灯并将其关闭

图 3-22　修改环境设置

图 3-23　渲染阴影通道图

正如在先前的章节中所述，阴影对于建筑的体积和空间的表现举足轻重，同时，对于画面的形式构成也同样重要。在用材质通道对建筑的界面进行调整时，有时可能会对阴影的深浅造成影响，为了方便画面整体关系的调整，制作阴影通道还是有必要的。其步骤为：第一，另保存一个阴影通道的文件，打开材质编辑器，选择一个新的材料球，设置材质类型为"无光／投影"（见图3-21）。第二，选择场景中所有物体，将前一步设置好的材质赋予它们。第三，除了主光源，删除其他与阴影无关的光源。执行渲染＞环境命令，弹出环境和效果面板，将环境色改成白颜色并关闭面板（见图3-22）。第四，打开渲染面板，在选项栏目中，勾选强制双面贴图（由于"无光／投影"贴图没有双面选项，因此我们需要在全局设置中勾选强制双面贴图）。渲染阴影通道图像，图像大小同正图，保存的文件格式为jpg（见图3-23所示）。

2. 配景手绘部分制作

虽然Painter能模拟各种手绘的绘画工具，但与现实的绘画工具相比，操作的灵活性方面还是略显逊色的。因此，本实例的树木等配景采用水粉手绘的方式。对于植物的绘制，关键是抓住所画对象的外形特征，巧用不同类型的画笔，用"摆"、"点"、"擦"、"拖"、"皴"、

"刮"等笔法与植物形的意象相结合。注重明暗层次的变化，以及色彩的色相和纯度的变化。在整体形象的塑造上，局部的点缀也是不可缺少的（见图3-24）。对于相似的植物，画一至二棵即可，因为形态和色彩上的变化，可用Painter软件来作调整。

所渲染的正图图层，按下Ctrl+J，提取选区内图像到新的图层，在新的图层上对其上面的相关部分进行明暗和色彩关系的处理。在此基础上，为图层添加蒙版，将前景色设为黑色，使用画笔工具，在蒙版上进行喷绘，编辑图层的局部的透明度。以下是对主体建筑调整的步骤：

图3-26　魔棒属性设置

创建玻璃图层：切换到材质图层，运用魔棒工具选择玻璃，关闭材质图层。切换到正图层，按下Ctrl+J，提取玻璃材质到新的图层。执行Ctrl+U命令，在弹出色相/饱和度面板中适当调整玻璃的亮度（见图3-27和图3-28）。

图3-24　手绘配景素材

3.Photoshop 后期制作

3.1　合并图像文件

启动Photoshop软件，打开先前渲染的正图、材质通道图像和阴影通道图像。按住Shift键，将材质通道图像和阴影通道图像原位拖移到正图上，完成文件的合并（见图3-25）。

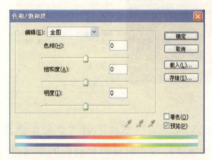

图3-27　玻璃色彩的调整

图3-25　文件的合并

图3-28　经调整后的效果

3.2　调整主体建筑

对于具体建筑的明暗调整，总体思路是使用魔棒工具（参数设置见图3-26）在通道图层上选取材料，形成选区。也可以通过激活不同的选择模式，如"添加到选区"和"从选区中减去"等，对选区进行调整。然后，切换回

为玻璃贴图：打开玻璃贴图的图像（见图3-29），执行拷贝命令。切换到原正图文件，按住Ctrl键同时单击玻璃图层，激活玻璃的选区，执行编辑>贴入命令，接着再对贴图的位置和大小进行调整（见图3-30、图

3-31）。如发现图像不太协调，可调节图层的透明度或对该图层的蒙版进行编辑。

命令，反选背景。打开天空图像并拷贝，用相同的方法，将其贴入正图文件背景选区（见图 3-33）。

图 3-29　玻璃贴图的图像

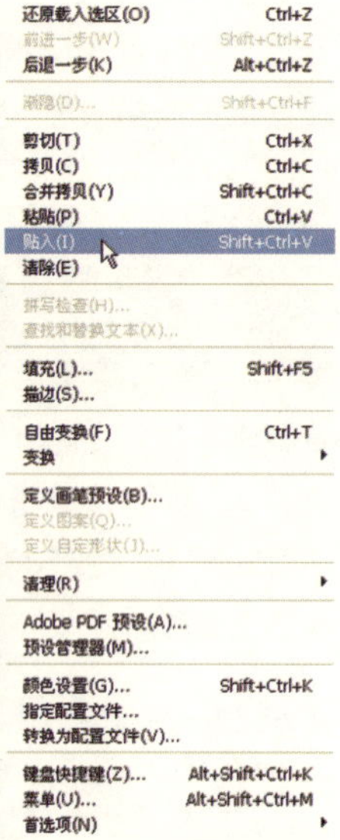

图 3-31　玻璃经贴图处理后的效果

图 3-30　执行贴入命令

图 3-33　完成天空贴图

发现建筑的暗部和阴影的层次不够丰富和生动，遂采用本小结开始所述的方法对暗部和阴影的明暗进行了调整。执行图像＞画布大小命令，调整画面的大小（见图 3-32）。

环境贴图：打开已扫描好的手绘配景图像文件，用魔棒点取白色部分，按下 Ctrl+Shift+I 反选。执行选择〈修改〉收缩命令（见图 3-34），弹出设置面板，参数设置见图 3-35。然后，执行 Ctrl+J 命令，提取图层，然后关闭背景层（见图 3-36、图 3-37 所示）。接着，按照环境设计的要求和画面构图和形式的需要，用套索工具选取手绘配景，按由远至近的原则，分层合并到正图文件之中，调节配景到合适比例，完成图像合并工作（见图 3-38）。

图 3-32　主体建筑处理后的效果

天空贴图：打开通道面板，按住 Ctrl 键，单击面板中的 Alpha1 通道，出现图像选择区，再执行 Ctrl+Shift+I

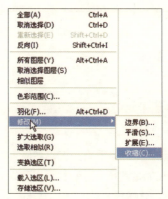

图 3-34　手绘环境贴图的"选择"命令

图 3-35　选择参数设置

图 3-36　　　图 3-37　除去背景后的环境贴图
关闭背景图层

4.1 水彩效果的处理

水粉画的薄画法接近水彩画的效果。特别在暗部可以运用水彩的效果，能使暗部显得透明。在 Painter 中也可对画面进行水彩效果的处理，这样可提高作画的效率。

为了便于调整，将建筑相关的图层以及天空的图层合并，删除植物配景图层，保留材质通道和阴影通道图层，另外存一个文件。这一步骤可在 Photoshop 中完成，也可到 Painter 中来做（见图3-39）。复制 Canvas 图层（见图3-40）。

图 3-38　手绘环境部分和电脑制作部分的合并

图 3-39　删除植物配景图层　　图 3-40
　　　　　　　　　　　　　　复制 Canvas 图层

激活复制的图层，执行 Layers>Lift Canvas To Watercolor Layer 命令（把画布图层转变为水彩图层）。（见图3-41）

4. 用 Painter 绘制水粉的风格

水粉画的效果既厚重结实，又明快流畅。在通常的作画方式上，一般采用笔触干画、色彩覆盖结合颜色的渗化和透叠等技法塑造形体。作为传统画种在当代的表现语境中，它的形式具有朴实无华的艺术魅力。在这个阶段将完成主体建筑的水粉风格的处理，对手绘的部分进行调整，直接用软件添加其他环境内容。协调画面的元素并使它们融为一个整体。

在用 Painter 的绘制过程中，文件保存一般用它的专用 rif 格式，这样可以更多地保留 Painter 软件所特有的作图信息；为了交替使用 Photoshop 软件，有时要以 psd 格式存盘；如要对整个画面进行处理，还可以保存为 jpg 格式的文件，这样可以使计算机运算的速度提高。

图 3-41
画布图层转变为水彩图层

设置纸张：在 Paper Selector 中选择 Italian Watercolor Paper（见图 3-42），打开纸张控制面板，调节其参数设置（见图 3-43）。

图 3-43
调节纸张参数

图 3-45　形成的水彩效果

4.2　阴影的处理

水粉画和水彩画中的水渍效果是这些画种形式特点的标志之一，笔者在画面的阴影部分作了一定的尝试。

单击阴影通道图层的眼睛图标，将其变为可视图层，用魔棒选择阴影部分。

阴影水彩效果的处理：保留阴影选区，关闭阴影通道的图层，切换到水彩图层。在 Brush 选项栏中选择 Watercolor 画笔中的 Eraser Salt 笔刷，按住 Alt 键并把画笔对着所要进行处理的阴影区域，将当前色设置为阴影的颜色，在 Color 面板上把颜色再略微设得浅一些，在阴影选区内运笔。对于水渍效果的营造，选择 Watercolor 画笔中的 Splatter Water 笔刷或者 Bleach Splatter 笔刷结合使用，效果控制更为灵活。接着，用 Watercolor 画笔中的 Fine Camel 笔刷，调整当前色，对局部阴影加深（见图 3-46）。

图 3-42
选择 Italian Watercolor Paper

形成水彩效果：对创建的水彩图层执行 Layers>Wet Entire Watercolor Layer 命令，（见图 3-44），把图层的合成模式改为 Default，处理后的局部效果见图 3-45。

图 3-44　执行湿化水彩图层的命令

图 3-46　阴影处理

创建新层，运用 Chalk 画笔样式中的 Square Chalk 笔刷，对部分墙面进行提亮（见图 3-47）。

图 3-47 提亮部分墙面

4.3 局部的克隆

由于对整体的画面进行了水彩效果的处理，使得建筑形象的边线出现渗化现象，需要对部分形体进行强调，这样才能出现虚实对比的效果。

选择 Oils 画笔中的 Opaque Round 笔刷，在 Color 面板中开启 Clone Color 功能（见图 3-48）。

图 3-48 开启 Clone Color 功能

打开 4.1 步骤所存的 psd 格式文件，删除通道图层。再切换到原工作的文件，执行 File>Clone Source 命令，在弹出的活动窗口中选择克隆源文件（即前 psd 格式文件）。（见图 3-49）

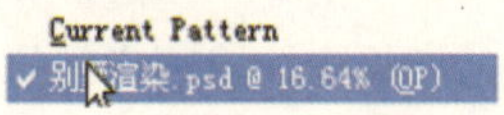

图 3-49 选择克隆源文件

用油画的笔刷，笔刷越大，克隆得到的图像也越粗糙。所以要把画笔调得略小一点。沿形态的方向进行克隆运笔，画出来的形象既有一定的细节，又不失绘画性。这里主要对建筑的线脚部分进行了刻画（见图 3-50）。

图 3-50 用 Oils 画笔克隆细节

4.4 强调过渡和对比

将当前颜色改为比要处理墙面略淡的颜色，使用 Artists' Oils 画笔中的 Mixer Thin Plat 笔刷在新建图层上运笔，运笔的时候不要中断，这样就能画出渐变褪晕的效果。如觉得有些生硬，可用 Artists' Oils 画笔中的 Grainy Blender 笔刷进行混合模糊处理（见图 3-51）。

图 3-51 表现墙面色彩的渐变褪晕

对于面砖墙面质感的刻画，在亮部可以用 Acrylics 画笔样式中的 Captured Bristle 笔刷，这种有点分岔的笔触与面砖的肌理比较吻合（见图 3—52）。稍暗的部分，用 Digital Watercolor 画笔中的 Broad Water Brush 笔刷进行绘画（见图 3—53）。

图 3—54　表现门廊和墙体部分石材的肌理

图 3—52　面砖墙面质感的刻画

选择合适的颜色，使用 Artists' Oils 画笔中的 Blender Bristle 笔刷和 Soft Blender Brush 笔刷对屋顶的瓦片进行刻画（见图 3—55）。

图 3—55　瓦片的刻画

图 3—53　增加墙面色彩和明暗层次

4.6　强调面的转折

创建新层。使用 Pencils 画笔中的 Sharp Pencil 笔刷，在属性栏中设置直线功能（见图 3—56），颜色设为白色，在主要的转折处勾白线。在图层的面板中，勾选 Preserve Transparency，再将颜色设为白线所处墙体的颜色，使用 Airbrushes 画笔中的 Detail Airbrush 笔刷，在属性栏中降低其 Opacity 的参数，在每个线段的中间位置进行喷绘，形成手绘线条的那种用笔轻重的变化（见

4.5　对材料的刻画

在材质的通道图层上，选择石材部分。在选区激活的状态下，创建新层，选择合适的颜色，使用 Airbrushes 画笔中的 Tiny Spattery Airbrush 笔刷，在选区内喷洒，形成夸张的肌理效果（见图 3—54）。

图 3-57）。画线时也不要太拘泥于准确，这样，有助于营造画面轻松的风格。

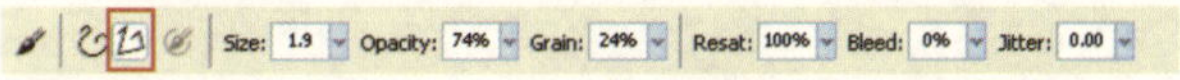

在保留通道图层的前提下，将建筑部分的图层进行合并，再另存一个 psd 格式的文件。这样，可以缩小文件的大小，高效地在 Photoshop 中进行图像处理工作。

建议在工作到一定的阶段，把文件 Save As 或 Iterative Save。这样的话，如果在某个阶段作画不甚满意，可以方便地恢复到某个工作阶段的文件（见图 3-59）。

图 3-56　Pencils 画笔中 Sharp Pencil 笔刷的属性设置

图 3-57　局部勾线后的效果

4.7　阳台细部的刻画

切换到勾线图层，利用 Pencils 画笔中的 Grainy Cover Pencil3 笔刷工具，刻画阳台细部。用笔应有轻重的变化，这样更加具有手绘的韵味（见图 3-58）。

图 3-59　文件的迭代保存

4.8　天空的处理

为了能在天空中毫无拘束地挥毫而不受前景的建筑的干扰，并且消除目前天空和建筑交接处的水彩渗化现象，需将天空和主体建筑设在不同的图层中。在 Photoshop 软件中打开上述 psd 格式的文件，在图层面板中，切换到材质图层，选择魔棒工具，不要勾选其属性栏中的"连续选择"，单击黑色区域，再使用套索工具加入其他天空区域（见图 3-60）。关闭材质图层，将含有天空的图层作为当前层，删除天空部分（见图 3-61）。打开一个合适的天空图像文件，全部选择并且粘贴到这个文件上面。然后，移动天空图层到含有建筑图层的下方。打开 3.2 步骤完成的含有配景合成处理的 psd 格式的文件，把它的配景图层分层及前后位置关系拷贝到该文件之中，接着保存文件。

图 3-58　阳台细部刻画

图 3-60　在材质图层上选择天空

图 3-62　按手绘的效果绘制天空

4.9　路面的画法

打开配景所在的图层，按照环境的前后关系创建一个绘制道路的图层。使用 Oils 画笔的 Round Camelhair 笔刷和 Flat Oils 40 笔刷进行道路基本的明暗和色彩关系的塑造（见图 3-63）。之后，运用 Acrylics 画笔中的 Captured Bristle 笔刷和 RealBristle Brushes 画笔中的 Real Flat Opaque 笔刷刻画道路细节（见图 3-64）。

图 3-61　在天空所在的图层上面删除天空部分

图 3-63　道路基本的明暗和色彩关系的塑造

图 3-64　刻画道路细节

在 Painter 中打开此文件（提示：只要文件格式为 psd，在 Photoshop 和 Painter 软件中均能打开，文件中所含大部分的图层和通道的信息可以互相识别），在天空图层上建立一个新的图层。使用 Chalk 画笔中的 Square Chalk35 笔刷，按住 Alt 键在天空区域需添加笔触的地方拾取颜色，然后，按手绘的效果绘制天空。在作画的过程中，应按照色彩变化的需要，不断地更换绘画的颜色，也可以结合 Color 面板进行调色。对于色彩之间的过渡、手绘部分和图像原始部分的过渡，可以运用 Blenders 画笔中的 Coarse Smear 笔刷和 Grainy Blender 笔刷进行混色用笔（见图 3-62）。

4.10　植物等配景的处理

针对本实例的配景，应该采用三种方式加以处理：其一，按照画面的整体关系运用 Painter 图像处理功能进一步调整它们的比例、明度对比和色彩关系；其二，因为经拼贴而成的配景，它们之间的关系还不够自然，边缘比较"硬",图像中有时还存在"飞白",所以还要用画笔深入刻画,使用有混合功能的笔刷处理其边缘的虚实关系;其三,则直接用画笔添加新的配景内容,使它们融合为一个整体。

绘制画面左侧的前景植物。基本的步骤如下:

①使用 Pencils 画笔的 Grainy Cover Pencil 笔刷,单击画笔面板右边的三角形(见图 3-65),打开活动菜单,选择 Save Variant 命令(见图 3-66)。在弹出的面板中,给画笔命名一个新的名字后单击 OK 键(见图 3-67)。在属性栏中,调整参数见图 3-68。用此重新定义的画笔画出前景植物的枝干。再用 Artists' Oils 画笔的 Blender Bristle 笔刷、RealBristle Brushes 画笔的 Real Oils Short 笔刷和 Real Blender Round 笔刷绘制前景植物的叶子和婆娑树影下斑斓的草地。要注意疏密变化和外轮廓的形态(见图 3-69)。

图 3-69　绘制前景植物

图 3-65　单击画笔面板右边的三角形

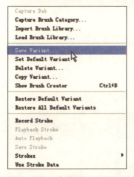

图 3-66　选择 Save Variant 命令

②使用 Pencils 画笔中的 Cover Pencil 笔刷和 Artists' Oils 画笔中的 Blender Bristle 笔刷表现植物的其他层次(见图 3-70)。

图 3-70　表现植物的层次感

图 3-67　给画笔命名一个新的名字

图 3-68　调整画笔参数

③运用 Palette Knives 画笔中的 Loaded Palette Knife 笔刷来画路边的石块。在造型上,应从前、侧、顶三个面的方向去塑造;在画笔的使用上,注意笔刷的大小调节(按住 Ctrl 和 Alt 键,用鼠标拖曳出的圆的大小即为画笔的大小)。(见图 3-71)

图 3-71　使用调色刀绘制路边的石块

④用 Oils 画笔中的 Round Camelhair 笔刷点缀花卉（见图 3-72）。

图 3-72　点缀花卉后的效果

对画面右侧的草丛进行处理。方法如下：

①在工具箱中点击 Layers Adjuster 按钮，勾选其属性栏中的 Auto Select Layers，在画面上点击该区域，将此图层设置为当前层。

②执行 Effects>Total Control>Adjust Colors 命令，弹出 Adjust Colors 面板，调节参数（如图 3-73）。使用 Blenders 画笔中的 Grainy Blender 30 笔刷模糊该图层的边缘，运笔应顺着草丛生长的方向（见图 3-74）。

图 3-73　调整右侧草丛的色彩

图 3-74　模糊草丛的边缘

③创建新的图层。使用 Pencils 画笔中的 Grainy Cover Pencil 笔刷完善草丛的刻画（见图 3-75）。

图 3-75　刻画草丛

画出远景的树丛。步骤如下：

①在天空图层上面，使用Watercolor画笔中的Sponge Wet笔刷绘制远处的树林，计算机会自动创建一个水彩图层（见图3-76）。接着用Dry Bristle笔刷和Bleach Splatter笔刷丰富树林的层次（见图3-77）。

图3-76　远处树林的绘制

图3-78　表现植物深的层次

图3-79　点缀植物局部

图3-77　丰富树林的层次

②在此水彩图层上，创建一个新的图层。使用Digital Watercolor画笔中的Fine Tip Water笔刷和Acrylics画笔中的Captured Bristle笔刷添加深层次的植物（见图3-78）。再用Pencils画笔的Grainy Cover Pencil笔刷点缀其局部（见图3-79）。

调整左上角的树叶。步骤如下：

①将该图层设置为当前层，调整前的效果见图3-80。

②使用Artists画笔中的Impressionist笔刷添加树叶，并用橡皮工具（在属性栏中降低其Opacity的数值）对上部进行减淡处理，修改后的效果见图3-81。

图3-80　画面左上角树叶调整前的效果　　图3-81　使用Artists画笔添加树叶

完善右侧大树的刻画。步骤如下：

①在该图层上，使用 Artists' Oils 画笔中的 Grainy Blender 笔刷按照原绘画的方法运笔，由深色处朝外拖画，能形成虚的树叶效果并且增加了层次。同时，整个树的造型也显得浑厚有力。试比较作画前后的效果。（见图 3-82、图 3-83）。

图 3-82　未经加工的右侧大树的树叶　　图 3-83　增加树叶层次后的效果

②使用 RealBristle Brushes 画笔中的 Real Oils Short 笔刷添加树叶的细节（见图 3-84）。

图 3-84　添加树叶的细节

图 3-85　刻画树干

③使用 Gouache 画笔中的 Detail Opaque 10 笔刷刻画树干（见图 3-85）。

从画面的整体关系出发，完善其他植物配景的刻画（见图 3-86）。保存文件并另存一个 jpg 格式的文件。

图 3-86　完成了植物配景后的效果

4.11 添加人物

本实例中的人物绘制拟采用克隆结合绘画的方式。

打开配景人物的 psd 格式文件，关闭 Canvas 图层，框选所要用的图像，执行拷贝命令（见图 3-87）。

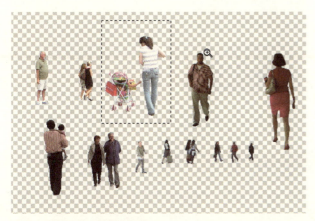

图 3-87 人物的 psd 格式文件

在人物图层的后面建立一个新的图层，使用 RealBristle Brushes 画笔中的 Real Oils Short 笔刷绘制人物的阴影（见图 3-91 所示）。

图 3-91 绘制人物的阴影

在 4.10 步骤结束时另存的 jpg 格式文件上，执行 Edit>Paste In Place 命令，粘贴人物到表现画中。然后，将人物拖曳到合适的位置，单击鼠标右键，在活动面板上选择 Free Transform 命令（见图 3-88）；按住 Shift 键，拉动角上的控制句柄，调整人物的大小（见图 3-89）；接着，再次单击鼠标右键，在活动面板上选择 Commit Transform 命令（见图 3-90），完成此步骤的操作。用同样的方法进行其他人物的粘贴和调整。

合并图层并克隆该图像（见图 3-92）。在克隆的文件上，运用 Oils 画笔中的 Round Camelhair 笔刷，开启色彩克隆的功能（见图 3-93），在人物上面添加笔触，以增强绘画的效果（见图 3-94、图 3-95）。随后，关闭色彩克隆的功能（见图 3-96），根据画面的光照方向，对人物的明暗和色彩关系进行调整和绘制（见图 3-97、图 3-98）。直接绘画人物的调色比较麻烦，比较简单的调色方法是：在画笔工具激活的情况下，按住 Alt 键，在绘制部分的附近选择合适的颜色，再到色彩面板上调整它的明度和纯度，这样也许比较便于操作（见图 3-99）。

图 3-88 选择 Free Transform 命令

图 3-89 使用控制句柄调整人物的大小

图 3-90 执行 Commit Transform 命令

图 3-92 克隆图像

图 3-93　开启色彩克隆的功能

图 3-96　关闭色彩克隆的功能

图 3-94　在人物上面添加笔触

图 3-97　调整人物的明暗和色彩关系

图 3-95　添加笔触后人物的效果

图 3-98　调整人物的明暗和色彩关系

图 3-99 完成基本工作后的效果

4.12 调整画面关系

当一张表现画基本完成以后应对画面的整体关系作一番调整，如明暗关系、色彩关系以及所表达的内容是否正确反映了设计的意图。特别是运用计算机作画，作画往往采用局部放大来进行操作，初学者容易陶醉于某一局部的刻画，从而忽略整体的画面效果。

在这一步骤中，笔者发现前景人物的光影关系和画面的整体光影还是不够协调，克隆的人物细节太多，"画"的味道不够，以至于与其他画面元素也不太统一。经过对这些方面处理以后，画面的整体效果更加统一了（见图 3-100）。

图 3-100 强调人物的光影关系和绘画性

4.13 添加画面肌理

虽然在作画的初期对画纸的肌理进行了设置，但天空、植物等元素有的地方的肌理和整个画面缺乏统一性，因此需对画面增加统一的肌理效果。

设置纸张的参数（见图 3-101）。

图 3-101 设置纸张的参数

添加肌理：执行 Effects>Surface Control>Apply Surface Texture 命令（见图 3-102），在弹出的活动面板的 Using 卷展栏中选择 Paper 并设置参数，然后单击 OK（见图 3-103）。

图 3-102 执行 Apply Surface Texture 命令

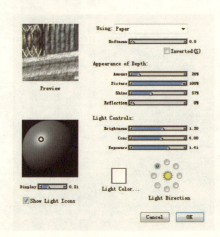

图 3-103 活动面板的参数设置

使用 Chalk 画笔中的 Variable Chalk 笔刷，并设置属性参数（见图 3-104），在天空、路面和植物等部分增加笔触以达到夸张统一的肌理感觉。

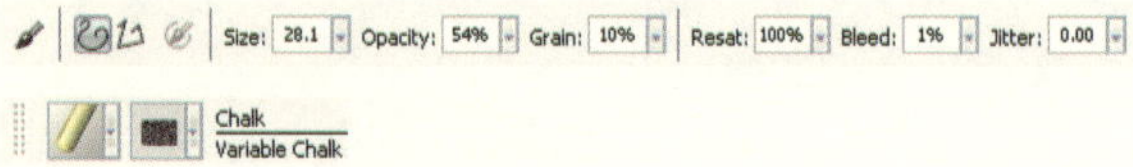

图 3-104　笔刷的属性参数设置

最终效果见图 3-105。

图 3-105　添加笔触肌理后的完成效果

第四章

实例解析三

会所的表现

- 形式的分析
- 所选用方法的分析
- 作画的主要步骤
- □ 完成基本的图像处理
- 在 3ds Max 完成正图的渲染
- 线条图的渲染
- 在 Photoshop 中合成图像
- □ 在 Painter 中克隆图像
- 设置纸张的颜色和纹理
- 完成风格化的图像克隆
- □ 线条和图像合成与处理
- 线条和图像合成
- 线条表现的处理
- □ 添加人物配景
- 设置颜色集
- 人物配景的处理

一、形式的分析

画面中的建筑是设计本身的形式，画面还有它自己的构成元素，如线条、明暗、色彩和肌理等，这些都是构成画面形式的原材料，它们各自还有不同的特点：有的线条凝练厚重，有的流畅飘逸；有的明暗变化层次丰富细腻，有的则表现为明暗对比强烈；有的色彩丰富，有的色彩单纯；有的笔触和肌理特点显著，有的表现为婉约含蓄。正因为这些元素的本身特征以及它们之间的关系建构了画面的形式和风格。因此，当人们在欣赏建筑画的时候，感受到的不仅是设计还包括画面本身的形式。所以，注重画面形式创意的建筑表现画能使观赏者得到更多设计以外的视觉享受，可能在评标的场合更容易受到关注。

当习惯 3ds Max 渲染成果的人首次看到由 Sketchup 渲染出的效果图时，应该会被它的清新和干净的风格所吸引，但见多了，就"熟视无睹"了，所以，要真正使得一张表现画具有个性的美，就必然要求作者对绘画元素秩序关系进行主观控制，将理想中的艺术效果赋予画面。

形式的美还来自于联想。随意的涂抹能给人以潇洒自如而且非常自信的感觉，如把这些笔意加入到画面的用笔组织之中，就必然使画面呈现轻松愉悦或者激情澎湃的感觉。在本实例中，用笔的随意性已超越了形态的局限性，但克隆的功能依旧保留了设计的细部和特点。

利用 Sketchup 渲染的出头线条图营造主体建筑徒手勾勒的效果，深色的线条结合明暗在淡色的背景上塑造形体，给人以明暗交界线的作用；如用淡的颜色在深色背景上勾勒对象，似乎是物体转折处的高光。将两者相结合就能在刻画对象时产生丰富多彩的效果和个性化的语言特征。

二、所选用方法的分析

运用 Sketchup 和 3ds Max 完成建模和基本的渲染；按一般效果图的要求，运用 Photoshop 进行后期制作；最后使用 Painter 将图像处理成个性化的风格。在这个实例中，应注意对表达的内容按照表现形式本身的需要有所取舍。如将前景的草地也完整地表现出来，就会增加画面的色相变化，从而减弱了画面的单纯性。增大底色的面积一方面突出了画面的重点，另一方面有助于画面所追求的轻松洒脱风格的形成。

三、作画的主要步骤

1. 完成基本的图像处理

1.1 在 3ds Max 完成正图的渲染

在一般的快速手绘表现中，主要是抓大关系，概括和夸张明暗、色彩关系。由于强调的是快速的感觉，自然也就忽略了一定的细节内容。在用电脑表现那种激情四溢的形式时，不仅可使画笔不受造型的束缚，而且还可以保留那些细部设计的效果。为了达到这个目标，应在 3ds Max 中，仔细调节材料的参数和贴图，这是细节表现的重要基础。因为本实例要利用线条和色彩综合表现，而 Sketchup 的线条渲染图别具韵味。所以，在将模型导出到 3ds Max 中时，一并导出 Sketchup 中的相机，虽然我们不能保证取景框完全相同，但是可以保证相机参数的一致，方便后期合成。

在 3ds Max 中完成正图的渲染，出图文件格式为 tga；同时，用第三章提到的手法，也需要进行材质和阴影通道图像的渲染工作。在 Photoshop 中，把材质和阴影通道作为图层合成到正图之中，利用这些通道图形可以方便地完成不同界面明暗和色彩的调整；并且完成整个环境的贴图处理（见图 4-1 所示）。保存文件，并另存一个 jpg 格式的文件。

图 4-1　完成基本图像处理后的效果

1.2 线条图的渲染

打开 Sketchup 模型，在 Style 面板中设置线条的样式，设置参数（见图 4-2）。设置完成后导出消隐线框图（见图 4-3）。

图 4-2　Sketchup 中线条参数的设置

图 4-4　描边参数设置

图 4-3　消隐线框图

图 4-5　调节线条图的大小

1.3 在 Photoshop 中合成图像

在 Photoshop 中打开线条图，由于线条太细，在与图像合成后的效果不够强烈，需对其加粗处理。用魔棒点击白色处，然后按下 Ctrl+Shift+I 反选。选择线条部分后，将其复制到新的图层上面。选择该图层的线条，执行编辑＞描边命令，弹出活动面板，设置参数（见图 4-4）（描边参数设置应依据线条图本身大小及其所包括的细节）。把经过描边处理的线条图层直接拖曳到正图处理的文件上面（jpg 格式文件）；由于正图使用 3ds Max 渲染，而线框图由 Sketchup 渲染，他们的图像大小不同，因此需要对线框图进行调整。执行 Ctrl+T 命令，调节线条图的大小（见图 4-5）。把线条图的建筑部分与正图的建筑部分左下角对齐，并且把参考点也移到此角（见图 4-6），这样，调整起来比较方便。保存为 psd 文件，这个阶段结束后的效果见图 4-7。

图 4-6　移动参考点

图 4-7　线条图与正图合成后的效果

2. 在 Painter 中克隆图像

2.1 设置纸张的颜色和纹理

在 Painter 中打开先前保存的 psd 文件，把线条的图层关闭。

在 Color 面板中确定一个颜色，接着执行 Canvas>Set Paper Color 命令（见图 4–8），这样，就完成了纸张颜色的替换。

图 4–8　设置纸张的颜色

单击工具箱中的纸张选择器按钮，从弹出的纸张选择器中选择 Basic Paper 纸张类型（见图 4–9），在纸张面板中调节参数（见图 4–10）。

图 4–9　选择 Basic Paper 纸张类型

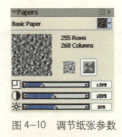

图 4–10　调节纸张参数

2.2 完成风格化的图像克隆

执行 File>Quick Clone 命令（见图 4–11），单击克隆文件右上角的描图纸功能的按钮（见图 4–12），切换描图纸为隐藏状态，这样，有利于在克隆过程中观察绘画图像的效果。

图 4–12　关闭描图纸功能

图 4–11　执行 File>Quick Clone 命令

使用 Chalk 画笔中的 Variable Chalk 笔刷，单击 Color 面板中 Clone Color 的按钮，开启色彩克隆的功能（见图 4–13）。在克隆文件激活的情况下，在考虑好整个画面的笔触构成后，进行克隆的运笔。在克隆过程中，要适时调整笔触的大小。因为笔触的大小与克隆对象的细节的呈现有关（见图 4–14）。为了节约作画的时间，对于局部的刻画，可以直接使用 Clones 画笔中的 Soft Cloner 笔刷（见图 4–15）。

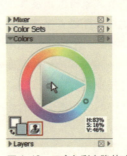

图 4–13　开启色彩克隆的功能

图 4-14 使用 Chalk 画笔中的 Variable Chalk 笔刷进行克隆

图 4-16 将线条图层复制到克隆的文件上面

3.2 线条表现的处理

将线条图层作为当前层，执行 Layers>Duplicate Layer 命令，复制该图层；然后，再执行 Effects>Tonal Control>Negative 命令，形成白色线条图层；激活工具箱中的 Layers Adjuster，略微移动此图层，与黑色线条图层形成一定的错位（见图 4-17）。

图 4-15 使用 Clones 画笔中的 Soft Cloner 笔刷进行局部克隆

3. 线条和图像合成与处理

3.1 线条和图像合成

开启原 psd 格式文件的线条图层，并且将此图层作为当前层。按下 Ctrl+A 和 Ctrl+C。

回到 2.2 步骤完成的克隆文件上面，执行 Edit>Paste In Place 命令，把线条图层按原来位置粘贴到该文件的上面（见图 4-16）。

图 4-17 增加白色线条图层后的效果

在白色线条图层上，建立蒙版（见图 4-18）。使用 Airbrushes 画笔中的 Soft Airbrush 20 笔刷，在属性栏中调低其 Opacity 的数值，将颜色定为黑色。在蒙版上，对无需白色线条的部分和要减弱白色线条效果的部分进行喷绘（见图 4-19）。如发现效果不甚理想，可将绘画的颜色设为白色，再到蒙版上面进行喷绘调整，直到满意为止（见图 4-20）。

图 4-18 建立白色线条图层的蒙版

图 4-19 使用蒙版控制白色线条的效果

4. 添加人物配景

为了突出主体建筑的表现形式和画面单纯的色彩关系,需对配景中的人物进行弱化处理。在本实例中,将人物的色调改变成现在画面的色调。

4.1 设置颜色集

在 Painter 中,打开颜色集面板(执行 Window>Color Palettes>Show Color Sets,见图 4-22),单击其右上角的三角形,弹出活动面板,选择 New Color Set From Image 命令(见图 4-23)。这时颜色集中的颜色即是构成画面色调的主要颜色。

图 4-22 颜色集面板

图 4-23 从图像中得到颜色集

图 4-20 局部效果

这个阶段通过蒙版调整线条与线条之间、线条与明暗之间的关系非常重要。目的是使它们形成一个有机的整体,而不是孤立地、毫无关系地存在着。这个阶段完成后的效果见图 4-21。

4.2 人物配景的处理

将人物粘贴到正在处理的文件中(见图 4-24),执行 Effects>Tonal Control>Posterize Using Color Set 命令,即将原画面的色调赋予了人物配景,整个画面已基本上呈现出和谐统一的色彩效果(见图 4-25)。

图 4-21 3.2 步骤结束后的效果

图 4-24 添加人物配景

图 4-25　将画面的色调赋予人物配景后的效果

为了使人物的形式和画面中的其他部分相统一，对完成的画面进行克隆（File>Clone）。将原画面设置为克隆源（File>Clone Source），使用 Chalk 画笔中的 Variable Chalk 笔刷，并把画笔的尺寸调小，开启色彩面板的色彩克隆功能，在克隆的文件上面对主要人物进行克隆性绘画。在作画过程中，有时关闭色彩面板的色彩克隆功能，按住 Alt 键的同时，拾取人物上面不同部分的颜色，直接进行绘画操作（见图 4-26）。选用合适的线条对人物造型中的结构进行一定程度的勾勒，使其与画面的形式语汇更加统一（见图 4-27、图 4-28）。

图 4-27　使用线条对人物造型结构进行勾勒

图 4-26　人物绘画风格的处理

图 4-28　人物刻画局部

本实例的形式体现了草图式用笔的流畅和作画时一种情绪的宣泄，抓住画面的大关系和重点内容，利用底色形成色调和远近空间的明暗、色调的变化，虽然没有直接表现前景的绿地，但蓝绿色的底色似乎又使人联想到绿地的存在。

图 4—29　最终效果

第五章 实例解析四

高层办公建筑的表现

- 形式的分析
- 所选用方法的分析
- 作画的主要步骤
- 基本图的渲染
- Photoshop 中基本的处理
- 基本图的合并
- 环境配景的合成
- 主体建筑的调整
- 在 Painter 中处理
- 快速克隆
- 局部刻画

一、形式的分析

从艺术心理学的角度来讲，人的审美心理与人的生理现象有某种对应关系，比如心脏的跳动和人对节奏欣赏的关系、人体动态的平衡和绘画构图平衡的关系等等。还可以把这种生理现象进一步展开联想：人一天的生命周期是由白天和夜晚组成的，白天人们参加工作和活动，晚上人们绝大部分的时间是用于睡眠。当一个人晚上处于失眠状态，他一般不会对他这一天的生活质量的评价是高的。当他白天无所事事，自然也就不会感到这一天生活得非常有意义。如果你把富有典型意义的一天的心理感觉赋予一张表现画的审美意味创造的话，那就是：有刻画生动的主体，使得你的视觉兴奋；又有一片虚无缥缈的背景，令你的视觉在兴奋之余有稍许休息。具体分析，就是将典型的明暗关系处理用于对象的塑造，通过夸张的对比，使得画面的主次关系更加清晰，这样的张弛有度必然能成就人的美感。

二、所选用方法的分析

在本案例中，依然使用 Sketchup 建模，在 3ds Max 中完成基础图像的渲染。然后，利用 Photoshop 完成环境的贴图和明暗等初步的后期制作，个性化的语言和夸张主观的处理在 Painter 中完成。

三、作画的主要步骤

1．基本图的渲染

如同前几个实例一样，在 3ds Max 中完成正图、材质通道图、阴影通道图的渲染工作。素描是一种单色的绘画，同一种材质有受光和背光的区别，为了接下来强调明暗变化操作的方便，在 psd 的文件中最好有一个能方便选择受光部和背光部的图层，这就需要在 3ds Max 中渲染一张受光部和背光部的通道图。在 3ds Max 中，打开原始文件，在材质面板中选择一个新的材质球，将漫反射的颜色调整为一个易选择的、色相鲜艳的颜色，其他参数见图 5-1。将建筑全选，然后将新材质赋予它。在建筑的受光部分放置一个泛光灯（删除其余所有的光源），将其移到合适的位置（见图 5-2），关闭阴影功能，泛光灯的参数设置见图 5-3。执行渲染＞环境命令（见图 5-4），在弹出的选项面板上，点击公用参数的卷展栏中的颜色下的色块（见图 5-5），选择一个有别于黑色的颜色，这个步骤是调整渲染图的背景色。因为，按照现光源的设置，背光部分将是黑色，调整背景色有助于区分图中不同的部分。接着，在与正图大小相同的设置情况下，渲染此图，图像格式是 jpg（见图 5-6）。

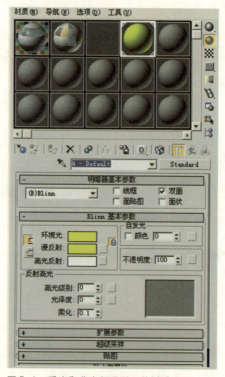

图 5-1　受光和背光部通道图的材质设置

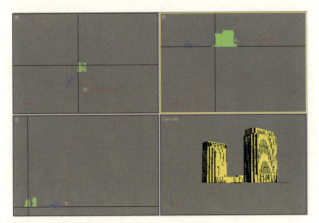

图 5-2 在建筑的受光部放置一个泛光灯

图 5-6 受光部和背光部的通道层

2．Photoshop 中基本的处理

2.1．基本图的合并

在 Photoshop 中，打开渲染好的 tga 格式的正图（见图 5-7）、材质通道图、阴影通道图和受光背光通道图。以正图为主文件，点击工具箱中的移动工具（见图 5-8），按住 Shift 键，将材质通道图、阴影通道图和受光背光通道图拖曳到正图文件中，完成通道图以图层的方式与正图合并。在图层面板中，双击图层文字部分，可以对图层进行命名（见图 5-9）。

图 5-3 泛光灯的参数设置

图 5-4 执行渲染＞环境命令

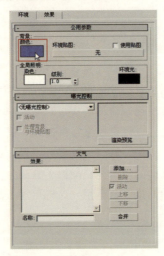

图 5-5 点击色块

图 5-7 tga 格式的正图

图 5-9 正图中的图层

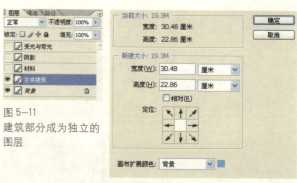

图 5-11 建筑部分成为独立的图层

图 5-12 放大画面的尺寸

图 5-8 工具箱中的移动工具

2.2 环境配景的合成

在通道面板中，按住 Ctrl 键，单击 Alpha1，激活主体建筑的选区。回到图层面板，切换到主体建筑图层，按下 Ctrl+J，提取建筑主体到新的图层（见图 5-10、图 5-11）。原来的画面构图还不太理想，需对画面的画幅进行调整。执行图像＞画布大小命令（见图 5-12），先放大画面的尺寸。然后，再凭借感觉对画面实行裁减，调整后的画面构图效果见图 5-13。

图 5-10 激活主体建筑的选区

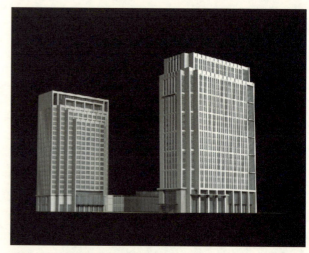

图 5-13 调整后的画面构图效果

在完成了基础工作之后，就可依据环境不同的前后关系，将背景和配景的内容放置在不同的图层之中。在进行配景的制作过程中，应关注这么几个问题：其一，应注意视平线的高度，这关系到整个画面的尺度和比例。其二，近景、中景、远景的搭配，这可增加画面的层次和空间感。其三，阴影中的配景和阳光下的配景结合运用，这样可增加画面的光影变化（见图 5-14）。

图 5-14　环境贴图基本完成后的效果

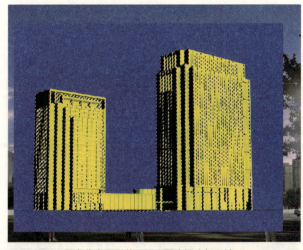

图 5-15　在受光背光通道的图层上面选择暗部区域

2.3　主体建筑的调整

虽然现在有的三维渲染器效果很出色，但渲出来的建筑一般还需要按照画面的整体形式进行一定的调整。调整可以是整体的，也可以是局部的。整体的明暗关系可直接通过执行"图像＞调整"进行。对于局部的调整，从本实例上来讲，可以在"受光背光通道"图层作为当前层的情况下，用魔棒选取亮部或暗部，接着执行选择＞存储选区命令，命名选区，并把它保存。再到材质图层上，用魔棒选择要调整的材质部分。在用魔棒选择之前，可在魔棒的属性栏中激活其不同的选择模式，以达到方便选择的目的。接着，再用"选择＞载入选区"命令，在弹出的活动面板的操作栏中，指定与用材质选择的选区相合并。这样，就能方便地选择出某种材质在受光部的部分或在背光部的部分。当选区的工作完成以后，回到主体建筑图层，复制该图层，并用"图像＞调整"命令调整其明暗和色彩关系，也可结合蒙版改变该图层局部的透明度，从而达到预期的效果。

以下是建筑墙体暗部和阴影的调整步骤：

打开"受光背光通道"图层，用魔棒选择暗部区域（见图 5-15）。执行"选择＞存储选区"命令，并为选区通道命名（见图 5-16、图 5-17）。

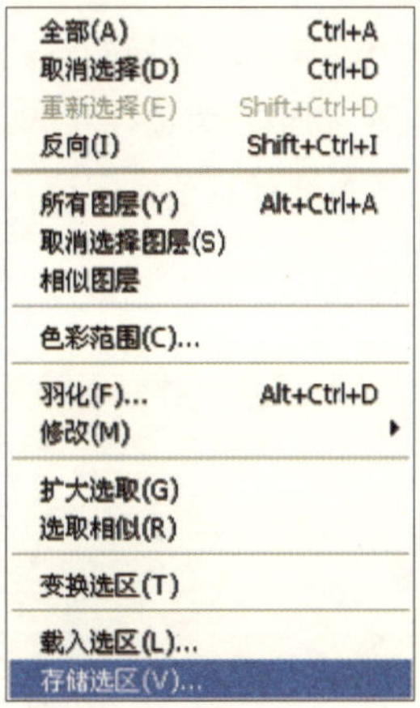

图 5-16　存储选区

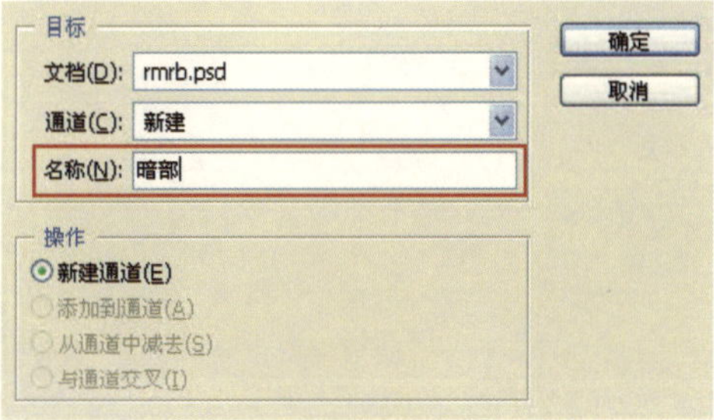

图 5-17　选区通道命名

将"材质"图层作为当前层,运用魔棒工具选择建筑墙体部分(见图5-18)。

图5-20 完成魔棒和载入选区的组合选择

图5-18 选择建筑墙体部分

执行"选择>载入选区"命令,在弹出的面板的"源"选项的通道下拉列表框中将"暗部"通道作为选择状态,"操作"选项中的"与选区交叉"为选择状态,完成建筑墙体暗部的选择(见图5-19、图5-20)。

在主体建筑图层为当前层的情况下(见图5-21),按下Ctrl+J提取墙体暗部到新图层。再接着,执行"图像>调整>亮度/对比度"命令,在弹出的面板中调节参数(见图5-22),并为该图层添加蒙版,调整图层局部的透明程度。完成后的效果见图5-23。

图5-21 提取墙体暗部到新图层

图5-19 载入选区

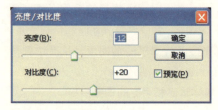

图5-22 调节亮度和对比度

图 5-23 完成墙体暗部调整后的效果

图 5-25 阴影调整后的效果

由于在建筑的界面调整过程中，容易使得建筑的阴影淡化，因此，打开阴影通道的图层，选择阴影部分（见图 5-24）。

当结束基本的调整后，关闭通道图层，保存 psd 格式文件，并另存一个 jpg 格式的文件。针对 jpg 格式的文件，执行"图像＞调整＞去色"命令，效果见图 5-26。

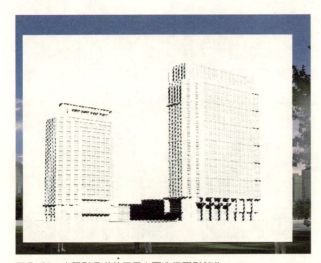

图 5-24 在阴影通道的图层上面选择阴影部分

图 5-26 去色后的效果

在主体建筑图层为当前层的状态下，按下 Ctrl+J 提取阴影部分到新图层（见图 5-25）。如果阴影图层的添加没有效果，可能是图层的位置不对，在图层的面板上，调整阴影图层的位置，直到其可见为止。也可以对该图层使用"亮度／对比度"命令直接调节明度。

3. 在 Painter 中处理

在这一步骤之前，前面所用的方法与一般计算机表现画的制作可谓如出一辙。在 Painter 的软件中，将把素描的形式赋予它，并用主观的刻画使得呆板的画面形式显得生动充满活力。

3.1 快速克隆

打开经过去色处理的 jpg 格式的文件，设置好纸张的纹理（见图 5-27），将纸张的颜色设为灰色。

图 5-27 设置纸张纹理

为什么要把纸张设为灰色呢？在一般的素描练习时，使用的纸张是白色，在用铅笔塑造形体时，笔触之间过分多的"飞白"容易使画面显得粗糙，而这种感觉有悖于笔者试图表现的形式，所以，用灰色以表现画面的中间层次，可以提高作画的效率。

执行 File>Quick Clone 命令，关闭克隆图像左上角的描图纸功能。

使用 Chalk 画笔中的 Variable Width Chalk 笔刷（见图 5-28），开启 Color 面板的 Clone Color 功能，按照右上向着左下的方向运笔，克隆图像并且形成主要的画面笔势（见图 5-29）。在克隆的过程中，有时会觉得建筑的细节不够，可以运用 Clones 画笔的 Cloner Spray 笔刷进行克隆作画（见图 5-30），既有细节，同时在一定的程度上又保留了画面的纹理效果（见图 5-31）。

图 5-28 所选用的笔刷

图 5-29 克隆图像

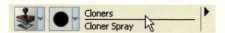

图 5-30 选择 Clones 画笔的 Cloner Spray 笔刷

图 5-31 结合两种画笔克隆后的效果

3.2 局部刻画

打开 2.3 步骤中完成的 psd 格式的文件,将"材质"图层和"受光背光"图层粘贴到正在作画的文件中(见图 5-32、图 5-33)。

图 5-32 图层粘贴

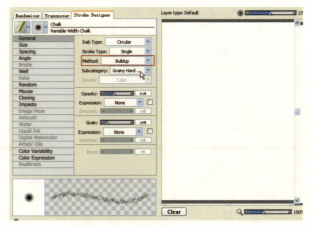

图 5-34 在笔触创建器调整画笔的参数设置

图 5-33 合成后的图层面板

在通道图层上,运用魔棒工具并且结合其他选择的方式选择要作画的区域。建立新的图层,进行局部的刻画(见图 5-35)。作画过程是一个不断调整的过程,对于需要清晰刻画的区域,保存选区有利于提高作画的效率。在 Painter 中保存和装入选区的方法和 Photoshop 的方式相似,即执行"Select>Save Selection"或"Select>Load Selection"命令(见图 5-36)。

图 5-35 局部的刻画

设置画笔:选择 Chalk 画笔的 Variable Width Chalk 笔刷,按 Ctrl+B,打开 Brush Creator 面板,调整参数(见图 5-34)。注意在面板中的 Method 的列表 Buildup 为选择状态时,画笔是越画越深。关闭 Color 面板的 Clone Color 功能,将作画的颜色调整为灰色。

图 5-36 保存选区的面板

图 5-39 刻画天空中的云彩

由于使用了灰色的纸张，运用白色作画同样能对对象进行刻画。将画笔设为 Chalk 画笔的 Variable Width Chalk 笔刷，在其 Brush Creator 面板和属性栏里调整参数（见图 5-37、图 5-38）。当 Method 的列表中 Cover 为选择状态时，为不透明的笔刷，即可在深色的底上用浅色作画。运用此画笔刻画塑造了天空中的部分云彩（见图 5-39）。

除了运用上述笔刷以外，对于一些细部深入刻画，如人和车辆部分还使用了 Pencils 画笔中的 2B Pencil 笔刷，设置参数（见图 5-40），效果见图 5-41。

图 5-37 笔触创建器上的参数设置

图 5-40 2B Pencil 笔刷的参数调整

图 5-38 在属性栏里调整参数

图 5-41 局部配景的刻画

在整个刻画的过程中，为了增加细节，可以运用克隆的方法；为了强调和夸张，可以关闭色彩的克隆功能，用吸管工具先拾取作画区域的颜色，再在Color面板中进行微调，接着凭借主观的感觉直接绘画。这个主观的感觉应该首先是美的，而明暗的美离不开变化和对比，所以，在最后刻画的时候，应强调明暗对比和变化。原来的画面为什么会呆板？其中一个原因就是每个造型的边线没有变化，因此，无论在克隆过程中，还是直接绘画中，应注重画面造型元素边线的虚实变化的处理。有意形成画面的用笔"气势"，不是刻板地一个方向，应联系形态的造型灵活运用，这样的"笔势"才更加具有造型语言的感染力（见图5-42）。

图5-42 完成后的效果

第六章　实例解析五

办公建筑公共空间室内设计的表现

- 形式的分析
- 所选用方法的分析
- 作画的主要步骤
- □ 用 V-Ray for Sketchup 渲染模型
  - V-Ray for Sketchup 室内渲染技巧
- 建立关联材质
- 布置灯光
- 选项设置
- 输出图像
- □ 后期制作
- 画面肌理的添加
- 图像间的克隆
- 线条图层的添加和处理
- 玻璃幕墙外配景的添加和处理
- 人物配景的添加和处理

一、形式的分析

彩色铅笔是一种非常简便可用于表现色彩过渡的绘画工具。它既可以通过其笔触恣意奔放地展现个性；又可以其细腻的笔触柔情似水地表现一种优雅的风格，显现一种高贵的艺术格调。正因为如此，在一些世界著名的建筑设计公司的设计文件中能时常见到以它作为绘画工具的建筑表现画。

以写实的方式表现建筑，不一定就是要逼真，它也可以驱除一些现实世界中的偶然因素，更多地将一些理想中的美体现出来。为什么夜晚璀璨的城市建筑的泛光照明容易吸引人们的目光，就是因为它以夜色为背景，突出了重点，并以简单的光的褪晕把建筑物的形体特征给展现了出来。所以，强调建筑界面的渐变，从画面整体的关系来设计画面明暗的构成可以作为彩铅形式处理的方法之一。

彩色铅笔画在不同的纹理纸张上能产生不同的肌理效果，这是彩铅形式另外的一种审美价值，处理好笔触和肌理效果的关系也是这种绘画表现形式重要的内容之一。

用同一种观点和方法来处理画面的元素是一种表现手段，如用两类形式的元素合成又是怎么样的结果呢？身处媒体高度发达的今天，人们在不经意中获取大量的信息，同时，还得经受住高强度的工作压力，此时人的视觉比较容易被简洁的事物所吸引。在画面中，以彩铅写实方式为主构成画面的主体部分，以经过Photoshop滤镜处理的人物作为画面的另外的构成元素，似乎是画面中多了一种形式元素，但在视觉心理上，造型形态的复杂性被这种两类的元素不同性质的对比关系所掩盖，简化了原来的视觉秩序，反而形成了更为简洁的表现效果。另一方面，由于这种形式有别于现实世界，能形成陌生的感觉。所以，从陌生的角度和简洁的角度来说，这种画面的形式是比较容易引起人的关注。当然这种形式的处理手法是建立在对所表达对象深入刻画的基础之上的，这样就能使画面效果"耐看"。

二、所选用方法的分析

在Sketchup软件中建模，并在该软件中用V-Ray插件进行渲染，出图的形式除了色彩图和线条图两种以外，还包括材质通道图。最后，在Painter软件中完成画面线条的合成、明暗的调整、配景的添加和彩色铅笔形式等的处理。在前文中已提到Painter软件的克隆功能非常强大，在本实例中，主要方式就是将成图先复制两张，并将其中一张的明暗关系调暗，另外一张调亮，随后，依据画面的明暗和色彩处理的设想，使用色彩克隆的方法，以原画面为准，将亮色调和暗色调的部分内容用彩色铅笔的工具克隆到原画之中，以形成生动的明暗变化及特有的画面风格效果。

三、作画的主要步骤

1. 用 V-Ray for Sketchup 渲染模型

1.1 V-Ray for Sketchup 室内渲染技巧

V-Ray for Sketchup 的出现无疑是广大设计者的一个福音。无论从速度和效果上都是一个相当出色的渲染插件，尤其弥补了Sketchup对于室内光影效果表现的缺陷。虽然V-Ray for Sketchup 拥有和3ds Max 版本几乎相同的设置面板。但是对于室内渲染来说，还存在一些设置区别。

首先对于材质纹理来说，因为没有类似3ds Max 的UVW贴图修改器。因此材质纹理应尽量使用Sketchup材质进行设置调整，避免使用V-Ray Mtl材质贴图。V-Ray for Sketchup 提供的光源形式控制程度不如3ds Max多样。点光源不支持光域网文件，因此对于大面积泛光照面我们可以使用面光源进行替代以简化操作提高速度。

1.2 建立关联材质

点击Monochrome 显示模式，检查模型的法线方向（见图6-1）。打开材质面板，调整材质名称为简单明了的英文或拼音（见图6-2）。点击打开V-Ray材质编辑器。我们只需对需要添加折射反射效果的材质进行关联设置。它们分别是石材地面，金属框，窗玻璃，玻璃栏板，楼梯扶手和木纹墙面（见图 6-3）。

图 6-4 关联地面材质

图 6-1 切换到 Monochrome 显示模式

图 6-5 添加反射层

图 6-6 设置模糊反射

金属材质：右键单击 Scene Materials>Add Material>Add V-RayLinkedMtl。在弹出的材料列表中选择 Frame。展开 Frame 材质，在 Reflection Layers 处右键单击 Add New Layers。将反射度适当调高（见图 6-7）。关闭反射贴图的 Fresnel 反射，这样能获得更好的金属反射效果（见图 6-8）。

图 6-2 调整材质名称为非中文

图 6-7 调整金属反射

地面材质：右键单击 Scene Materials，选择 Add material>Add V-RayLinkedMtl。在弹出的材料列表中选择 Floor（见图 6-4）。展开 Floor 材质，在 Reflection Layers 处右键单击 Add New Layers。这样在 Floor 材质栏中就添加了反射层（见图 6-5）。适当调节材质的反射度。同时为了给地面添加一些模糊反射，我们适当调低 Highlight Glossiness、Reflection Glossiness 数值。为了增加效果，我们可以在最终成品阶段提高细分值（见图 6-6）。

图 6-8 关闭 Fresnel 反射

窗材质：右键单击 Scene Materials>Add material>Add V-RayLinkedMtl。在弹出的材料列表中选择 Glass。展开 Glass 材质，在 Reflection Layers 处右键单击 Add New Layers（见图 6-9）。对于透明物体还需要在 Refraction Layers 处右键单击 Add New Layers。适当调整一些折射度（见图 6-10）。由于实际渲染中玻璃并没有 Sketchup 材质中的蓝色。因此我们还需要对原 Sketchup 材质中颜色进行调整，调整蓝色的浓度（见图 6-11）。注意这里调节 Diffuse 值是无效的。

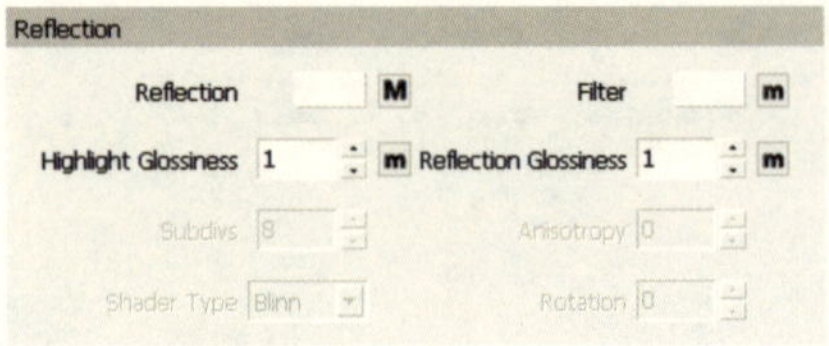

图 6-9 调整玻璃反射

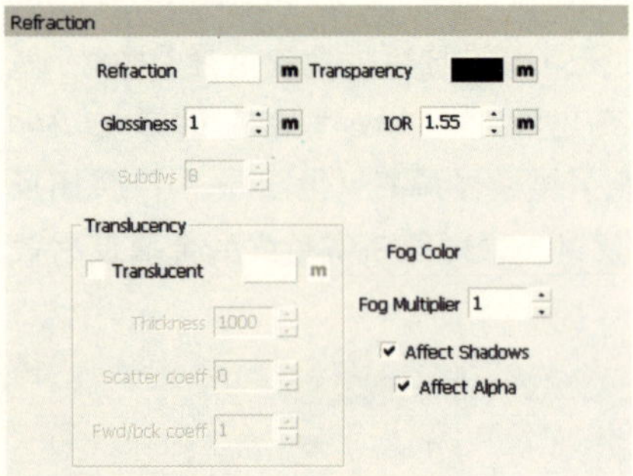

图 6-10 调整玻璃折射

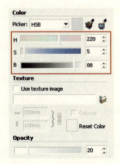

图 6-11 调整玻璃颜色

栏板材质：参考窗材质的调节方法，调整栏板材质（见图 6-12）。

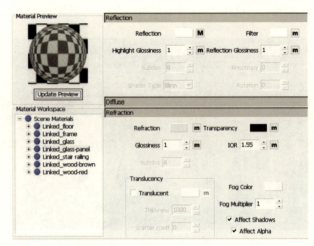

图 6-12 设置栏板材质

扶手材质：参考金属材质的调节方法，调整金属材质（见图 6-13）。

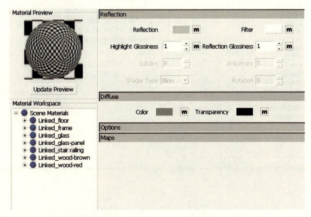

图 6-13 设置扶手材质

木纹材质：右键单击 Scene Materials>Add material>Add V-RayLinkedMtl。在弹出的材料列表中选择 Wood-brown/Wood-red。展开 Wood 材质，在 Reflection Layers 处右键单击 Add New Layers。调低反射值，并增加模糊反射效果（见图 6-14）。

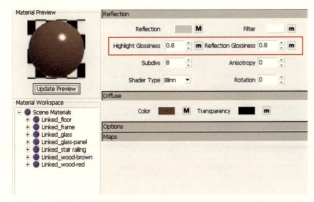

图 6-14 设置木纹材质

1.3 布置灯光

模拟日光：首先分析一下模型。日光从右上方的幕墙射入，左侧下方幕墙也有部分环境光射入。两侧走廊有人工光源照明（见图 6-15）。首先，我们在模型右上方建立一个泛光灯用来模拟太阳光（见图 6-16）。由于没有使用 V-Ray 物理相机，因此要大幅度调低灯光强度到 2 左右。将光源调整为一个偏暖的颜色，同时打开阴影选项（见图 6-17）。在右上方和左下方幕墙处创建和幕墙面积相当的 V-Ray 面光源用以模拟天空光。将光源调整为一个偏冷的颜色，关闭阴影选项并打开 Invisible。这样渲染的时候就不会看到这两个面光源了（见图 6-18）。

图 6-16 使用点光源模拟日光

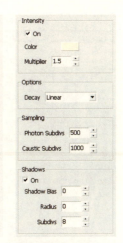

图 6-17 主光源参数设置

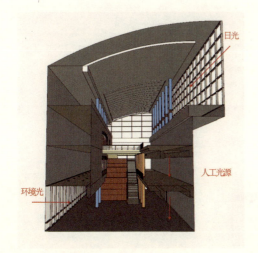

图 6-15 布光分析

图 6-18 使用面光源模拟天空光

人工光源补光：通过模拟日光基本可以照亮整个场景了。但是为了达到一个满意的效果，我们还需要添加一些补光。根据分析右侧走廊部分的照明不够，而左侧的走廊由于幕墙环境光的影响，不需要补充照明。这时我们只需在右侧的走廊处添加一个面光源就可以起到补充照明的作用了。关闭投影选项，并调低光强，当然也要打开 Invisible 选项（见图 6-19）。

图 6-19
使用面光源模拟人工光源

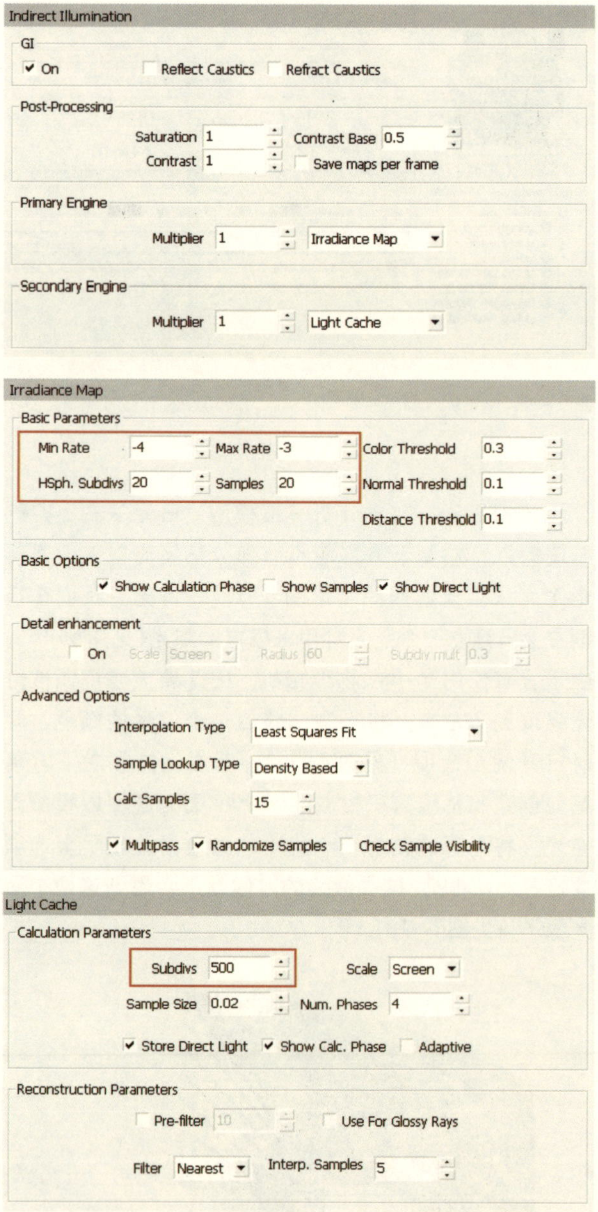

1.4 选项设置

测试渲染：在测试渲染的时候，我们可以调低一些参数设置来提高速度。首先调低渲染分辨率。在 Image Sampler 中关闭 Antialiasing Filter 选项（见图 6-20）。选择 Irradiance Map 和 Light Cache 渲染器组合。将 Irradiance 的取样改为 Min -4，Max -3，同时调低 Hsph 值。将 Light Cache 的 Subdivs 调低为 500（见图 6-21）。设置完后点击 File>Save 保存测试渲染的设置，方便以后渲染调用（见图 6-22）。这样我们就可以通过测试渲染对场景中的光源和材质进行调试，直到达到满意的效果（见图 6-23）。

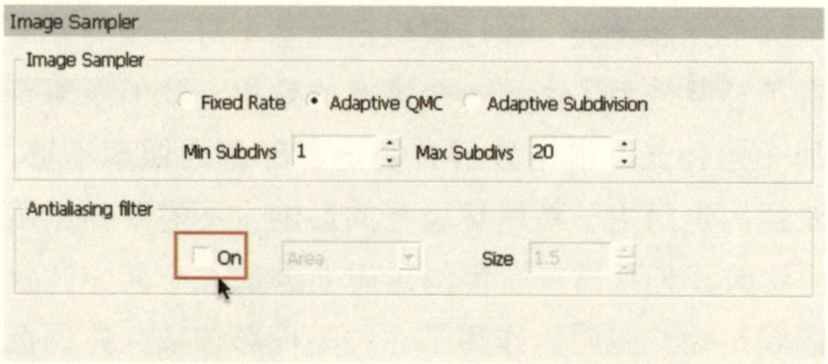

图 6-21 降低渲染细分值

图 6-20 关闭抗锯齿

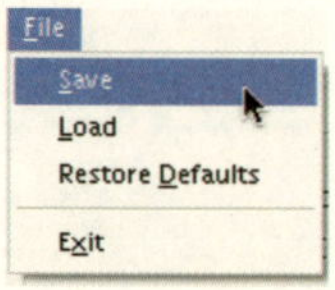

图 6-22 保存设置

图 6-23 测试渲染

成品渲染：在调试结束后，就需要进行成品渲染了。这个时候我们需要将多处参数进行调节以获得更好的效果。首先提高各个主要光源的细分值。默认的细分一般为 8，这时我们需要提高到 15 以上（见图 6-24）。然后提高材质模糊反射中的细分设置，以获得更好的效果（见图 6-25）。最后我们在选项中打开抗锯齿选项并提高 Irradiance 的采样值和 Lightcache 的细分值（见图 6-26）。同样，点击 File>Save 保存设置，方便将来调用。

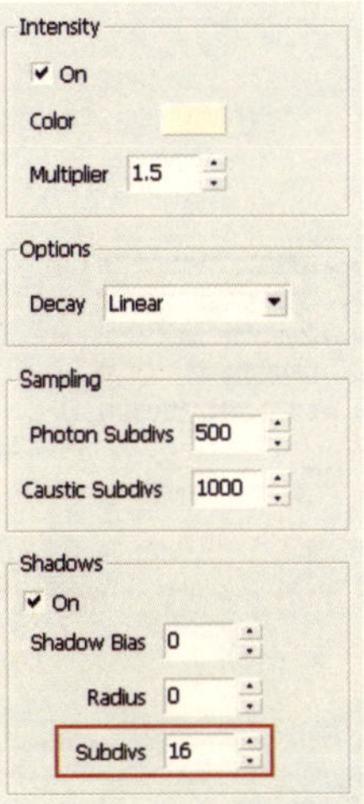

图 6-24 提高光源细分值

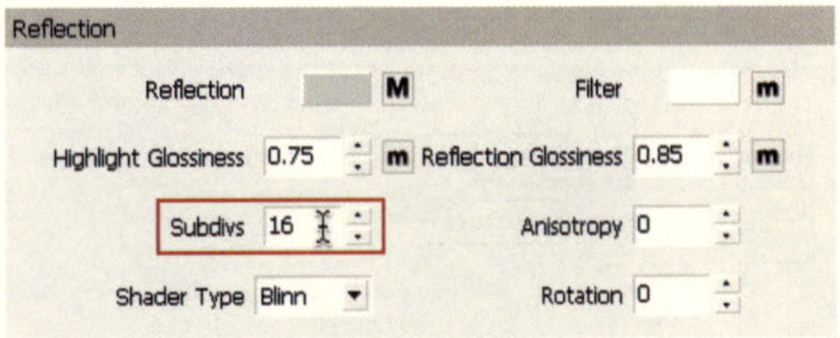

图 6-25 提高材质模糊反射细分值

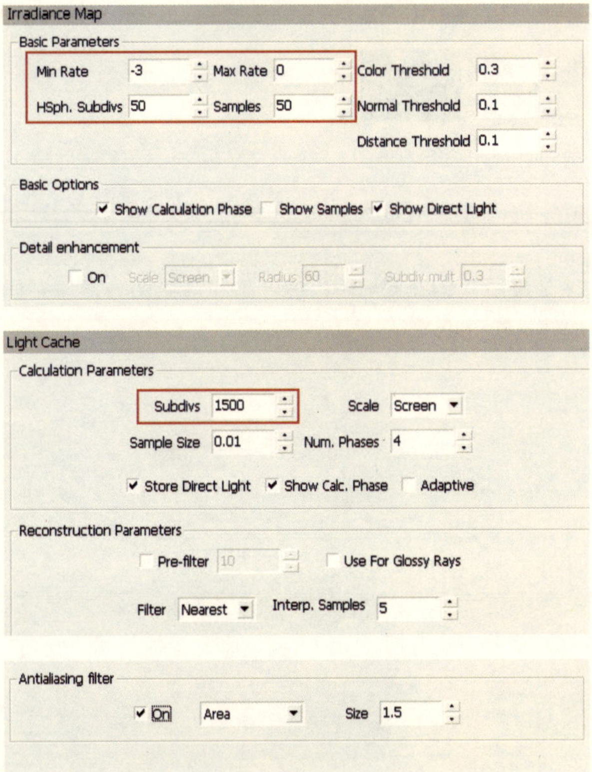

图 6-26 提高渲染引擎细分值

1.5 输出图像

渲染正图的同时，我们还可以通过添加 VFB Channel 来渲染通道。打开 VFB Channel 栏，选择 Diffuse，单击 Add（见图 6-27）。这样我们可以在渲染透视图的同时得到材质通道图像了。这对后期制作是相当重要的，相对第三章中提到的使用 3ds Max 渲染材质通道的方法也要方便许多。渲染完成后单击保存图像，此时材质通道图像将同时被自动保存到同一目录中（见图 6-28）。

图 6-27 添加渲染通道

图 6-28 自动保存的通道图

最后我们在 Sketchup 中导出和渲染图分辨率相同的线框图（见图 6-29）。

图 6-29 使用 Sketchup 导出消隐线框图

2. 后期制作

这个阶段的制作将交替使用 Painter 和 Photoshop 等软件。

2.1 画面肌理的添加

在 Painter 打开主图像文件，全选（Ctrl+A），在工具箱中激活图层调节器，按住 Alt 键，将鼠标放置在图像上单击，完成 Canvas 图层的复制（见图 6-30）。

在工具箱的纸张选择器中，选择 Worm Pavement 的纸张样本。打开纸张面板，调整参数（见图 6-31）。

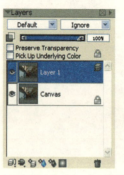 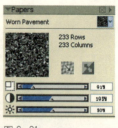

图 6-31 Worm Pavement 纸张的参数调整

图 6-30 完成 Canvas 图层的复制

在图层 1 作为当前层的情况下，执行 Effects>Surface Control>Distress 的命令（见图 6-32），弹出 Distress 的设置面板。在 Using 栏目的下拉列表中，Grain 为选择状态，设置其他参数（见图 6-33）。图层 1 经过处理后的效果见图 6-34。将该图层的属性选择为 Soft Light，并降低其透明度（见图 6-35、图 6-36）。

图 6-32 执行 Distress 的命令

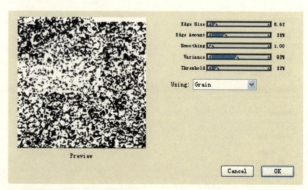

图 6-33 Distress 的参数设置

图 6-34 复制的图层经过 Distress 处理后的效果

Control>Brightness/Contrast 命令，把图像调成暗色调，保存为 jpg 格式文件（见图 6-38）。再将图像调成亮色调，并另存 jpg 格式文件（见图 6-39）。

图 6-38 调成为暗色调的克隆文件

图 6-35 调整图层的属性和透明度　　图 6-36 阶段性的效果

打开材质通道文件，全选并拷贝，然后将其粘贴到主文件上面，这样便于以后作画区域的选择（见图 6-37）。

图 6-39 调成为亮色调的克隆文件

图 6-37 将材质通道文件和主文件合并

2.2 图像间的克隆

制作克隆源文件：打开主文件，关闭通道图层。克隆图像（File>Clone）后，执行 Effects>Tonal

在上述亮色调文件打开的情况下，切换到经过肌理处理的 Painter 格式文件，建立新的图层，使用 Chalk 画笔中的 Variable Width Chalk 笔刷和 Variable Chalk 笔刷，开启色彩克隆的功能，执行 File>Clone Source，选择淡色调的文件为克隆源（见图 6-40），在界面和形态需要减淡的部位进行绘画，也可以用这种方法强调画出室内灯光的光晕变化和玻璃上面光的反射（见图 6-41）。

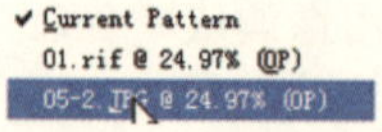

图 6-40　选择淡色调文件为克隆源

图 6-41　经过克隆绘画后的阶段性的效果

建立新的图层，将暗色调的文件作为克隆源，对于画面中的暗部进行刻画。只有将画面中的明暗对比拉开，形成亮部的焦点和暗部的焦点，这样才能使得画面显得生动和活泼（见图6-42）。由于使用了彩色铅笔的风格，这种克隆的绘制方法还是显得和谐自然的。

图 6-42　以暗色调文件为克隆源进行克隆绘画

2.3　线条图层的添加和处理

室内设计中的界面设计不都是一整块的，上面往往有细节设计。这些细节设计有的是形式上的需要，

有的是材料铺贴设计所形成的，这些内容都应该是设计表现的重点所在。同时，由于本实例强调画面的颗粒感，也使得一部分较小的界面，如楼梯的踏步等损失了一部分的设计细节。在这种状况下，通过使用线条表现的合成，将这些内容重新显现出来，应该是一种不错的方法。

在 Painter 中，把上述文件转存为 psd 格式的文件，并在 Photoshop 软件中将转存的文件打开，同时打开在 Sketchup 软件中渲染好的同样尺寸的透视线条图文件，按住 Shift 键，将线条图拖曳到主工作文件上面，并将图层的混合模式选为"正片叠底"（见图6-43）。

图 6-43　透视线条图和主工作文件合并

将线条图层进行复制，把混合模式改为"正常"，在该图层上面用魔棒选择白色部分，并将白色部分删除，执行"图像＞调整＞反相"命令，形成白色线条勾边的效果。在现实世界中，物体面的转折处往往有比较亮的层次，这个层次的亮度与材料的质地和光环境有关，对于这个细节应该有所刻画。有了这个细节，就能使画面的深入程度上一个台阶，但不应平均处理。现在这个阶段，黑线和白线是对齐的，稍微移动白色图层，并对其施加蒙版效果，在蒙版激活的情况下，使用喷笔工具对需减弱白色线条效果和去掉白色线条效果的部分用黑色进行喷绘，效果见图6-44。

图 6-44 在局部添加白色勾线的效果

图 6-46 开启通道选择图层

2.4 玻璃幕墙外配景的添加和处理

接着上一步骤，配景的添加在 Photoshop 中进行。打开配景文件（见图 6-45），全选并拷贝。切换到主文件，开启材质通道图层（见图 6-46），用魔棒选择玻璃，然后，执行"编辑＞贴入"命令（见图 6-47）。接着，移动图像位置并调整其大小尺寸到合适的比例。随后，执行"Ctrl+U"命令，调整图像的色彩（见图 6-48），效果见图 6-49。保存文件，并另存一个 jpg 格式的文件。

图 6-45 配景图像文件

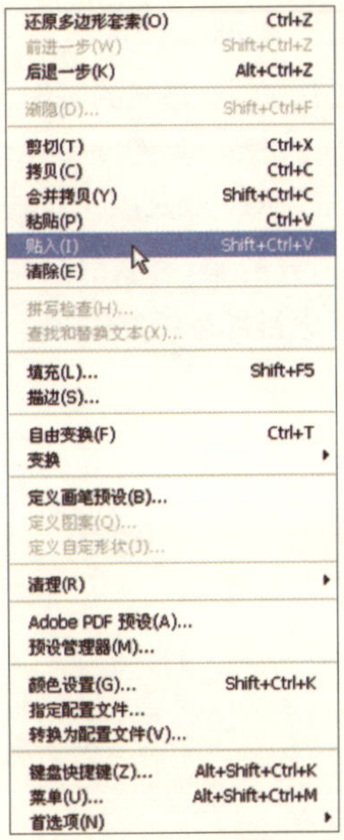

图 6-47 将配景图像贴入玻璃选区

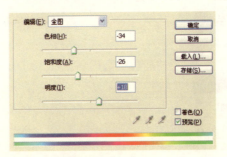

图 6-48 调整图像的色彩

图 6-49 配景图像调整好后的效果

图 6-51 在主文件上进行克隆绘画

玻璃外配景手绘效果的克隆：在 Painter 中，打开 psd 格式的主文件和已完成玻璃贴图的 jpg 格式的文件。在 psd 格式的主文件中创建一个新的图层（见图 6-50），使用 Chalk 画笔中的 Tapered Artist Chalk20 笔刷，在颜色面板中开启色彩克隆功能，将打开的 jpg 格式的文件作为克隆源，在玻璃幕墙的位置进行彩色铅笔效果的处理（见图 6-51）。

关闭色彩克隆功能，选择合适的颜色，直接用上述画笔强调配景的明暗对比和色彩的冷暖对比（见图 6-52）。

图 6-52 刻画配景的明暗和色彩关系

图 6-50 创建新的图层

起用通道图层选取幕墙框架，在新的图层上面绘画出框架上下的阴影和明暗变化（见图 6-53）。保存 psd 格式的文件。

2.5 人物配景的添加和处理

在 Photoshop 中，打开 psd 格式的主文件和人物配景的图像文件，选择合适的人物图像并将他们粘贴到主文件上面。以近、中、远的层次感觉，调整人物的比例大小；从画面的整体明暗关系出发，调整他们的

图 6-53 刻画玻璃幕墙框架的明暗变化

图 6-55 对去色处理进行色调分离

图 6-56 色调分离的参数设置

图 6-54 添加人物配景

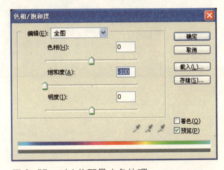

图 6-57 对人物配景去色处理

明暗对比（见图 6-54）。

　　人物图像处理：在人物图层作为当前层的情况下，执行"图像＞调整＞色调分离"命令（见图 6-55）。在弹出的活动面板中，设置参数（见图 6-56）。接着，再进行去色处理（见图 6-57、图 6-58）。

　　由于人物的处理方式与画面的室内部分形成对比关系，使原本丰富的内容变化呈现出主要的两种形式元素的混搭效果，改变了以往的视觉审美经验，形成陌生的感觉，引人入胜。最终效果见图 6-59。

图 6-58 人物配景去色后的效果

图 6-59 作品完成后的效果

第七章　实例解析六

办公建筑大堂室内设计的表现

- 形式的分析
- 所选用方法的分析
- 作画的主要步骤
- 使用 3ds Max 制作底图
- 从 Sketchup 到 3ds Max
- 使用扫描线渲染器渲染底图
- 后期制作
- 图像绘制前的基础工作
- 延展画面的界面
- 画面整体明暗和色彩的调整和绘制
- 局部的刻画
- 人物和绿化等配景的绘制

一、形式的分析

初学绘画者在写生圆雕的石膏头像时，往往会先要求学习画这个圆雕的块面石膏头像，这是为了便于学习基本的明暗规律。从审美意义上来讲，笔者认为块面石膏像包含独特的美学内涵，是一种"似与不似之间"的艺术表现形式。把这种块面的语言嫁接到表现画之中，就有点类似透明水彩的表现形式。

透明水彩的表现形式就是利用水彩的透叠形成色彩和明暗的变化来塑造对象，这种透叠的造型语言是现实世界明暗和色彩规律的提炼和概括，通过笔触的组织，形成结实的造型结构和富有张力的形式。但表现画是为诠释设计服务的，光有色块的形式还不能够完成设计信息的传递，正如块面的石膏像还不能够体现对象的细节。为了弥补这个缺陷，在画面形式的元素上还添加了勾线的内容，就是通过线条元素把主要的设计细节交代清楚。应该注意的是，虽然勾线和色彩是两种元素，但在画面的形式上它们是有机统一的。有时线条比较独立，有时又比较含蓄，这样的形式才能够比较"耐人寻味"；另一方面，在用色和用笔方面应突破设计中不同界面的限制，善于用联系的观点从中发现它们的相似的因素，这样的块面透叠形式才是浑然天成的。

二、所选用方法的分析

用Sketchup软件建模并导出3ds格式的文件；在3ds Max中完成主要的材质贴图和基本的渲染；手绘完成线条图；在Painter软件中完成手绘线条图与渲染图的合成以及透明水彩画效果的处理。

三、作画的主要步骤

在3ds Max软件中，材质的程序贴图非常方便和丰富且可以调整到比较精确的位置，透视角度和图像渲染构图的调整也比在Sketchup软件中来得方便。因此，在这个案例中，基础图像采用的是在3ds Max软件中渲染的方法。

1. 使用3ds Max制作底图

1.1 从Sketchup到3ds Max

打开Sketchup模型，点击Monochrome显示模式，检查模型的法线方向（见图7-1）。

图7-1 切换到Monochrome显示模式

点击File（文件）>Export（导出）>3d Model（三维模型）。选择3ds格式，点击Option（选项）。在弹出的选项框中，选择By Material（按材质）。由于我们已经检查了模型的法线方向，因此不用勾选导出双面材质了。由于本例中贴图基本在3ds Max中完成，因此也不需要勾选Export Texture Maps（导出贴图）。这里我们也不选择导出Skethup的相机。相比于3ds Max默认相机，Sketchup相机有着太多的局限性。比如对于这样空间的表达，当使用过大广角时，图像变形严重。而在3ds Max中使用相机剪切板功能就能很好的解决这一问题。最后点击OK确定导出（见图7-2）。

打开3ds Max软件。点击文件 > 导入。选择刚才导出的3ds文件。在弹出的窗口中，选择完全替换当前场景，并勾选转换单位。点击确定，模型被导入（见图7-3）。

能。将相机移出大堂空间以外，选中相机，在设置面板中选中手动剪切（见图7-4）。根据顶视图，调节远近剪切板的位置。将远剪切板的范围调到大堂以外，同时将近剪切板调节到大堂范围以内。同时调节相机和视点高度。将相机高度调节到人眼高度，将目标点稍微调高。这样我们基本得到一个满意的画面构图（见图7-5）。

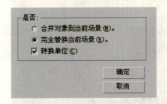

图7-2 导出3ds设置选项

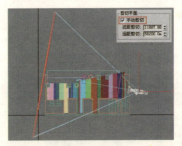

图7-4 设置相机剪切板

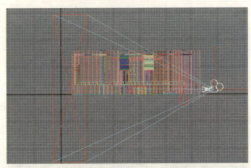

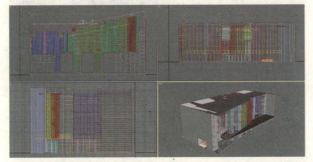

图7-3 导入模型

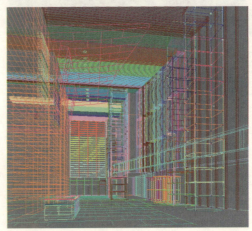

图7-5 完成相机设置

1.2、使用扫描线渲染器渲染底图

创建相机 创建一个标准目标相机。由于场景限制，如果将相机置于大堂空间内，则需要很大的广角才能将需要表现的场景包含在内。但是过大的广角势必会使图面变形严重。因此我们将利用相机的视图剪切功

灯光设置：由于我们只是需要一张渲染图作为复合表现的底图，因此并不需要像模拟光源漫反射那样模拟真实效果。只需基本表现材质和照亮场景。首先在左上方创建一个目标平行光源，用以模拟日光（见图 7-6）。将照明范围调大覆盖整个场景。将光源强度调节为 0.45，取消衰减等设置，由于这里我们并不需要在室内产生强烈的太阳光影，因此关闭阴影选项（见图 7-7）。在开始渲染前，我们需要先关闭环境光的影响。点击渲染＞环境，将环境光调为纯黑色（见图 7-8）。点击渲染按钮（见图 7-9）。由于扫描线渲染器没有模拟光能传递的特性，因此模型中只有迎光面被照亮，我们需要再进行一些补光。在大堂的中心，电梯厅内和走廊底部增加一些泛光灯，作为背光面的补光（见图 7-10）。将它们的值调低，并给予一个较暖的颜色（见图 7-11）。这样整个场景的灯光基本布置完成（见图 7-12）。

图 7-7 主光源设置参数

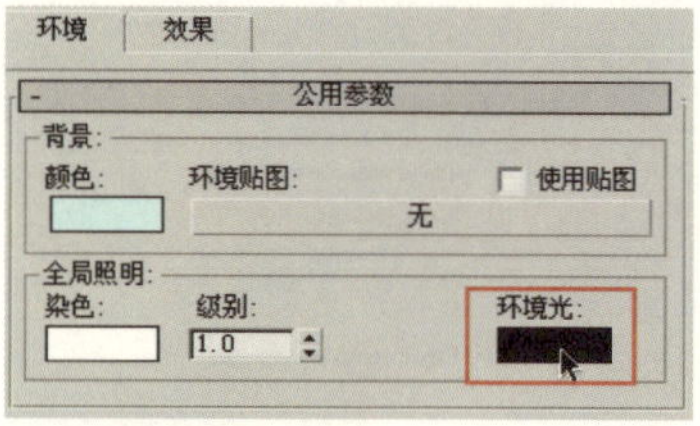

图 7-8 调整环境光

图 7-9 测试渲染

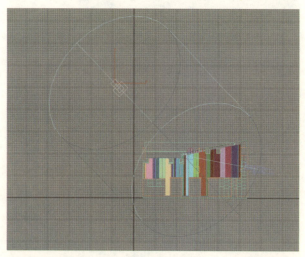

图 7-6 模拟日光

图 7-10 添加辅助光源

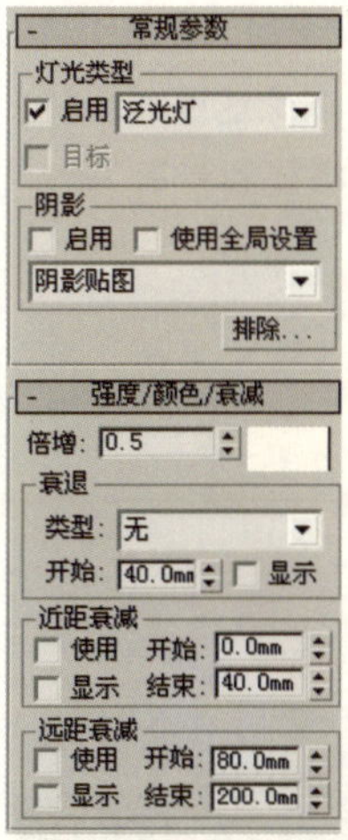

图 7-12 完成布光

图 7-11 泛光灯设置参数

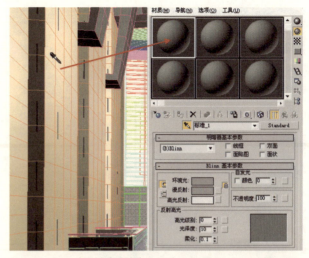

图 7-13 吸取墙面材质到材质球

修改材质：打开材质编辑器。由于我们在导出选项中选择了 By Material，因此在 3ds Max 中的模型是按照材质来拆分的。我们只需使用吸管工具点取不同材质的表面以吸取材质到材质球，然后便可以进行调整设置，下面着重讲解一下需要贴图的部分。吸取墙面材质到材质球（见图 7-13）。点选按材质选择，点击选择。这样场景中所有使用该材质的物体将被选择（见图 7-14）。点击组 > 成组，将这些物体成组，这样所有使用该材质的面将变为一个组，以便于整体添加贴图坐标。我们要为墙添加一个石材材质。点击漫反射后的按钮，选择"平铺"模式来表现材质分缝。在标准控制栏下选择需要的拼缝方式，在高级控制栏下设置大致的分格尺寸和颜色（见图 7-15）。设置完材质后，再选择该组，点击编辑面板，添加 UVW 贴图修改器。在控制栏中选择长方体模式，根据实际尺寸调整长宽尺寸（见图 7-16）。点击在视图中显示贴图，这样就可以在视图中实时显示贴图效果了。按同样的方法设置吊顶和地面的材质贴图（见图 7-17）。

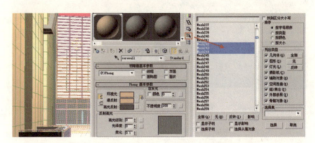

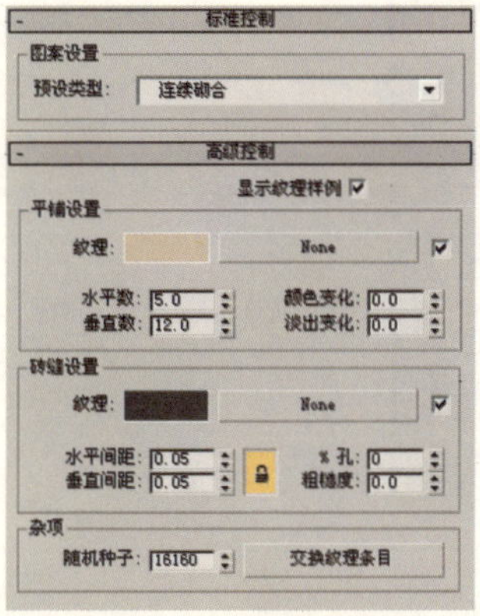

图 7-14 选择使用该材质的物体

图 7-15 设置分缝参数

图 7-16
调整材质贴图坐标

调节渲染框的尺寸和位置。由于我们使用的是扫描线渲染，因此相比 V-Ray 等高级渲染器,渲染速度非常快。选择 tga 格式，点击保存，这时我们将得到带有 Alpha 通道的图片（见图 7-20）。

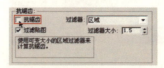

图 7-18　取消抗锯齿

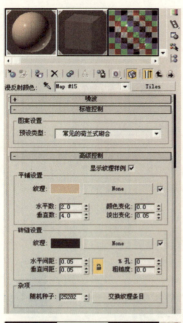

图 7-19　设置渲染框

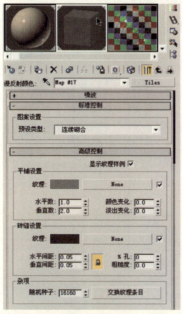

图 7-17　设置吊顶和地面材质

图 7-20　渲染正图

渲染设置：在渲染测试时选择较小的分辨率并取消抗锯齿选项（见图 7-18）。在渲染正图时，将出图分辨率设置为 3200×2400，并勾选抗锯齿选项。将渲染窗口设置成放大（见图 7-19），点击渲染。在视口中

渲染通道：因为我们需要后期在平面软件中进行选择处理，所以我们同样需要渲染材质通道供后期使用。将文件另存为一个新的文件，选择一个材质球，将自发光值设置为 100，取消所有反射选项，将反射值

设为 0，尽量调节为一个明亮的颜色方便辨识（见图 7-21）。改变漫反射的颜色,将它们赋予不同的材质（见图 7-22）。删除所有光源，这时 3ds Max 默认光源被打开。再创建一个新光源，并将其关闭。这样 3ds Max 的默认光源就被关闭了。点击渲染，我们就快速地得到了一张材质通道图（见图 7-23）。

图 7-23　渲染材质通道图

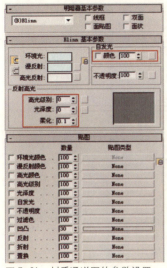

图 7-21　材质通道图的参数设置

2. 后期制作

2.1　图像绘制前的基础工作

线描稿的绘制：为了得到更为生动的艺术效果，在电脑软件图像合成前，要进行的工作是手工透视线描图的绘制。在本案例中，笔者先把渲染好的主透视图用 A3 的尺寸打印好，将 A2 的硫酸纸蒙在上面描画。线描稿可略微比原画大一点，这样有利于以后构图调整和营造画面轻松的风格。另外,在进行线描图绘制时，要将细部刻画和线条的疏密变化有机统一起来，线条本身也要有一定的流畅感。完稿以后经扫描保存 jpg 格式文件（见图 7-24）。

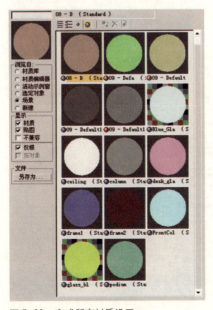

图 7-22　完成所有材质设置

图 7-24　线描稿

文件合成和构图调整：在 Photoshop 中，以主透视为主工作文件，将材质通道图粘贴到上面作为一个新的图层。执行"图像＞画布大小"命令，放大画布尺寸，再将线描稿作为图层粘贴到主文件上。提高该图层的透明度，以显示下面的渲染底图。按下 Ctrl+T，调整线描稿的比例与电脑渲染图对齐。然后恢复该图层的"不透明度"为 100%，用魔棒选择白色部分，并将白色部分删除，图层属性选为"正片叠底"（见图 7-25），保存文件为 psd 格式。局部图像稍稍错位，但这点并不影响以后画面整体的效果（见图 7-26）。

图 7-27　调整纸张参数

图 7-28　使用浅灰色填充 Canvas 图层白色部分

运用 Blenders 画笔中的 Coarse Oily Blender30 笔刷，按住 Ctrl+B，调整该画笔参数（如图 7-29）。从图像边缘区域朝纸张外边方向运笔，以增强画面的透视感（如图 7-30）。

图 7-25　将线描图层的属性设为"正片叠底"

图 7-26　文件合成后的效果

2.2　延展画面的界面

在 Painter 软件中，打开 psd 格式的主文件。为了使绘画效果显得滋润和流畅，调整纸张参数（如图 7-27）。用魔棒点取 Canvas 图层白色部分并以浅灰色填充（见图 7-28）。

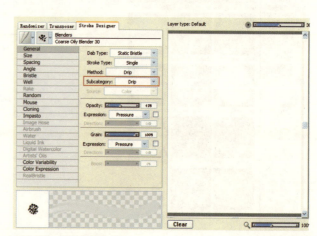

图 7-29　调整画笔参数

图 7-30 延展画面

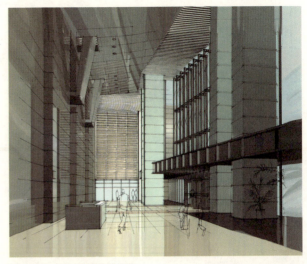

图 7-32 画面延展后的效果

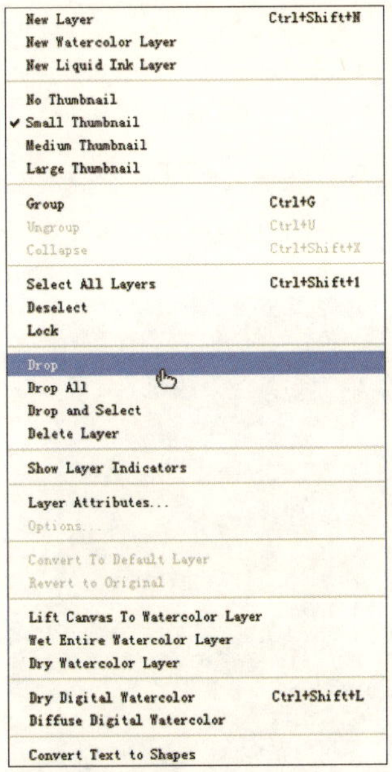

为了使画面的设置更符合每人作画的习惯，在作画过程中，可按照作画者的顺手方向经常性地旋转画面。具体方法是：按住 Alt 键 +Space Bar 键，用鼠标在画面中任意旋转画面角度；按住 Alt 键 +Space Bar 键 +Shift 键，用鼠标在画面中按锁定 90°旋转画面。

打开材料通道图层，用魔棒选择顶面格栅部分（见图 7-31）。关闭通道图层，激活 Canvas 图层，复制顶面格栅，并将其移到画面格栅延伸的位置。调整大小、方向和明暗度，删除多余的部分（见图 7-32）。单击图层面板右上角的小三角，在弹出的活动面板中，点击 Drop（见图 7-33），将这个图层与 Canvas 图层合并。

图 7-31 选择顶面格栅部分

图 7-33 图层合并

2.3 画面整体明暗和色彩的调整和绘制

由于是在三维渲染的基础上进行绘画，对画面的再加工主要是在 Painter 中以其特有的笔触的方式和图像处理功能增加画面暗部和亮部的层次，并强调透明水彩的形式感。

建立一个新的图层（见图 7-34）。使用 Digital Watercolor 画笔中的 Soft Broad Brush 笔刷，调整其参数（见图 7-35），用较长的笔触强调绘制出顶面和地面由近至远的暗部层次和室内局部形态的暗部。笔触的方向可多考虑所在界面的近似垂线角度，这样有利于不同光亮度的材料质感表现（如图 7-36）。这是一种边缘比较柔和的笔触，比较适用于画面大关系的表达。与 Watercolor 画笔不同，Digital Watercolor 直接在普通图层上绘制。

图 7-34 创建一个图层

图 7-35 调整 Soft Broad Brush 笔刷的属性参数

图 7-36 表现空间的较深的层次

继续使用 Digital Watercolor 画笔，但换成 Fine Tip Water 笔刷。这是一种相对边缘清晰的笔触，在效果上能与前一种用笔形成干湿变化对比（见图 7-37 所示）。对于用笔不当的笔触，可以使用 Digital Watercolor 画笔中的 Gentle Wet Eraser 笔刷予以擦除（见图 7-38、图 7-39）。完成后，与 Canvas 图层合并，并且保存文件。

图 7-37 不同的笔刷形成干湿对比的感觉

图 7-38
笔触越过了界面

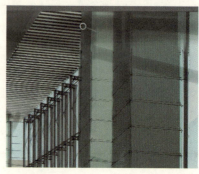

图 7-39
使用 Gentle Wet Eraser 笔刷调整后的效果

在 Canvas 图层上面建立一个新的图层，在颜色面板确定当前色（如图 7-40）。使用 F-X 画笔中的 Glow 笔刷对左侧墙面的受光部进行光照效果的绘画（见图 7-41）。这种画笔能将光照环境下的色彩细腻的变化展现得非常自然。设置当前色（如图 7-42），使用 Airbrushes 画笔中的 Fine Detail Air8 笔刷对画面右侧的夹膜玻璃饰面的柱子亮部和地面光照部分进行喷绘（见图 7-43）。

图 7-40
在颜色面板上选定颜色

图 7-41 光照效果的绘画

图 7-44 使用 Plat Eraser 笔刷减色处理后的效果

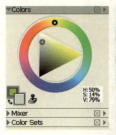

图 7-42
重新设置颜色

图 7-43 对右侧的亮部和光照部分进行喷绘画

在现实的喷绘绘画中，对于不想让喷到的地方，需要用遮挡物去覆盖。在电脑绘画中，你既可以用通道选区，又可以直接用橡皮等工具擦除或者减色处理，第二种方式更具绘画的表现力，在本实例就采用了这种方式。

使用 Erasers 画笔中的 Plat Eraser 笔刷对前面亮化区域的背光部分进行减色处理，并用这种工具在柱子的亮部通过减色留有笔触以强调质感的表现；在地面上,擦除多余的部分后,成功表达了室内的光影关系（见图 7-44）。然后，合并此图层与 Canvas 图层，并保存文件。

2.4 局部的刻画

对于局部的刻画，仅有细致是不够的，何况电脑渲染的图像在细致的程度上已经足够了。那么，局部刻画应该从哪些方面着手呢？笔者以为应在整体明暗关系和色彩关系有秩序感的前提下注重局部明暗和色彩的对比效果，以形成视觉的焦点和中心；其次，关注画面本身的点、线、面的构成。已经存在的黑色勾线还不够，没有白色线条的共同作用，它就是一个轮廓而已。在关键的面的转折处，用白色线强调其明暗变化的突变，对于整个画面的精彩性将起到举足轻重的作用。

绘制顶面槽灯的效果：首先，创建一个新的图层，使用 Airbrushes 画笔中的 Fine Detail Air8 笔刷，在顶面有槽灯的位置用白色进行喷绘（见图 7-45）；接着，运用 Erasers 画笔的 Plat Eraser 笔刷,调整其参数设置（见图 7-46），擦出槽灯的轮廓（见图 7-47）。

绘制玻璃幕墙内部金属结构：使用上述喷笔工具，对于金属的反光亮部一并进行喷绘（见图 7-48）。然后，运用橡皮工具将金属框架的前后关系用擦除方法表现出来（见图 7-49）。把此图层与 Canvas 图层合并，并保存文件。

图7-45 使用喷笔在顶面有槽灯的位置进行喷绘

图7-46 修改笔刷的参数设置

图7-47 擦出槽灯的轮廓

图7-48 使用喷笔工具对金属的反光亮部进行喷绘

图7-49 用擦除方法表现金属框架的前后关系

图7-50 使用白色的线条刻画形体的转折处

图7-51 添加白色线条后的整体效果

用白色的线条刻画面的转折：创建新的图层。使用 Pencils 画笔的 Grainy Pencil3 笔刷用白色对吊顶、柱子、墙面、玻璃幕墙内部金属结构等处的转折处进行刻画（见图7-50、图7-51）。

画嵌入式的灯具：使用上述铅笔工具，调整其笔头的大小，用白色画出灯具的形态。接着，使用 Airbrushes 画笔的 Fine Detail Air8 笔刷喷绘出灯发光时的光晕效果（见图 7-52）。

2.5 人物和绿化等配景的绘制

在透明水彩的风格中，如将人物色彩完全覆盖室内环境底色，易形成比较死板的效果。保留一部分底色往往能使人物融合于环境之中，覆盖一部分室内底色也能满足对形态塑造的要求。

创建新的图层，使用 Pastels 画笔的 Square Soft Pastel30 笔刷，选择合适的颜色绘画人物覆盖底色的部分。根据作画的效果，需要经常调整画笔的透明度。接着，另建一个图层，运用 Digital Watercolor 画笔的 Fine Tip Water 笔刷，画出人物动态的暗部。这种画笔具有水彩的特点，对于表现水彩形式有一定的作用（见图 7-55）。

图 7-52 嵌入式的灯具的刻画

对顶面槽灯的调整：由于顶面格栅处的黑色勾线影响了顶面不同标高处的槽灯灯光效果，应该把此处的黑色线条改为白色或者淡化。在此采用的方法是：将勾线图层作为当前工作图层，勾选图层面板上的 Preserve Transparency（见图 7-53）。然后，使用前述的喷笔工具在槽灯发光的位置用白色进行喷绘，效果见图 7-54。另外可采用橡皮直接擦除以及在蒙版上用黑色喷绘以降低此处透明度等办法。由此可见，为了达到相同或相似的效果，有多种方法可以选择，读者完全可以凭借自己的判断灵活运用，不要局限于某种方式，这样才能不断地提高表现能力。

图 7-55 画出人物的基本色彩和明暗效果

点缀人物的亮部：画好任何对象都应抓住大关系，在此处即是表现人物的受光部分。运用上述 Pastels 画笔工具刻画出人物的亮部，使得人物形体具有立体空间感（见图 7-56）。

绘制室内植物的基本形体：建立一个新图层，使用 Digital Watercolor 画笔的 Fine Tip Water 笔刷画出植物大致形态，接着，运用 Digital Watercolor 画笔的 Gentle Wet Eraser 笔刷淡化一些植物的叶子（见图 7-57）。

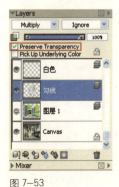

图 7-53 勾选线条图层面板上的 Preserve Transparency

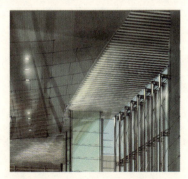

图 7-54 顶面格栅处的勾线被减淡后的槽灯感觉

图 7-56 点缀人物的受光部分

刻画植物的细节：在新的图层上，使用 Artists' Oils 画笔的 Oily Bristle 笔刷表现植物的固有色；运用 Pens 画笔的 Ball Point Pen1.5 笔刷夸张地画出植物的茎与叶的受光部，以显现植物的精致和勃勃生机（见图 7-58）。

在完成了以上操作以后，基本工作已经结束，接下来就是要对画面进行调整。即从整体的明暗和色彩的关系、细节刻画是否形成视觉中心和形式的韵味等角度检查画面的效果，并对有些方面进行修改。完成稿见图 7-59。

图 7-57 绘制植物的基本形体

图 7-58 刻画植物的细节

图 7-59 最终画面效果

第八章　实例解析七

办公建筑的表现

- 形式的分析
- 所选用方法的分析
- 作画的主要步骤
- 使用 Piranesi 表现马克笔效果
- 前期准备
- 绘制墙面
- 表现主体玻璃幕墙
- 表现建筑辅助部分
- 细部刻画
- 绘制天空背景
- 在 Painter 中进行后期处理
- 在 Painter 中的准备
- 画面调整
- 配景描绘

一、形式的分析

作为设计绘画的常用工具——马克笔，携带方便，易干，颜色种类也很丰富。虽然，它不像其他作画工具如水彩、水粉和彩色铅笔那样可以进行方便的色彩过渡，但局限性却也造就了它独特的艺术效果。在欧美国家，有的设计表现画家能将马克笔画成类似水粉、水彩的效果，但笔者认为马克笔笔触之间衔接的痕迹、较硬的过渡、色与色的透叠、机械的笔触收头，乃至于需依靠勾线来塑造形体等特点建构了它富有特色的表现形式。正因为易干的特点，它排斥了"拖泥带水"的作画习惯，那种面面俱到的风格不是它的强项，需要思考如何简练地表达对象；由于现实中的马克笔作画不方便修改，因此理性的色彩搭配和笔触组织也成为它的一种形式符号。

掌握作画的技巧是进行创作的必要条件，但它不是完全的条件，因为任何技巧的运用都必须建立在对形式感觉的基础之上。有了一定的基本技巧就为形式的畅想奠定了良好的基础。但在作画之前还必须对画面的元素组织花一番工夫。虽然建筑画强调理性，但它所体现的艺术特征要求作者将个人的情感和创造性融入其中，复合的方法不仅是指具体的作画技法还可以用于形式的处理。当毕加索创作著名的《亚威农少女》的时候，显然在画中的人物造型添加了非洲土著艺术的元素；在欣赏马蒂斯的一些油画时也不禁使人联想到日本的浮世绘艺术。因此，形象的复合也是创新和创造的一种方法。在本案例中，作者试图将夜色般的天空作为背景以突出主体建筑。在一般的日光照耀下的建筑暗部明度往往比天空要暗，但经过这样的安排组织并适当加强建筑的反光使得建筑以至整个画面的形式产生了异同寻常的艺术效果。

二、所选用方法的分析

本实例使用 Sketchup 建模，并导出具有三维信息的 epx 格式图像文件和 jpg 格式的线框图。在 Piranesi 软件中，对 epx 格式文件进行基本的马克笔效果处理。最后，运用 Painter 软件完成构图调整、添加配景和整体协调工作。

三、作画的主要步骤

1. 使用 Piranesi 表现马克笔效果

1.1 前期准备

打开 Sketchup 文件，点击 File（文件）>Export（导出）>2d Graphic(2D 图像)。在下拉菜单中选择 epx 格式，点击 Options（选项）按钮，输入一个较大的尺寸。点击 Export（导出）（见图 8-1）。同时也导出一张 jpg 格式的消隐线框图备用。

图 8-1　使用 Sketchup 导出 epx 格式文件

在 Piranesi 软件中打开刚才导出的文件（见图 8-2）。点击 View，将查看模式转换为 Material，在这种模式下可以看见不同材质的分布（见图 8-3）。

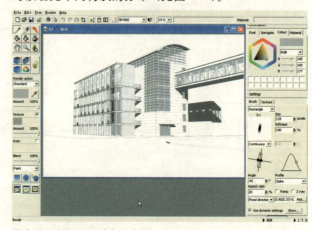

图 8-2　在 Piranesi 中打开文件

图 8-3　在 Material 模式下查看图像

1.2　绘制墙面

切换回标准模式。首先我们来设置基本的马克笔型。现实的马克笔分为油性笔和水性笔两种。油性笔的效果是笔触含蓄，而水性笔的笔触效果清晰显著。对于整个画面的效果来讲，笔触组织应有主导方向，建筑物上的用笔以规则的笔触为主，配景可以适当灵活一些，但也不能喧宾夺主，应起活跃画面气氛的作用。在画笔的模式设置上运用 Paint 和 Ink 的选项有点类似作画过程中交替使用油性笔和水性笔。要想表现笔触含蓄的部分就用 Paint 覆盖模式；要想表达笔触效果就用 Ink 覆盖模式。

选择画笔工具，将笔型设置为 Rectangle。调整一定的角度，在拾色器中选择一个较浅的土黄色，将覆盖模式设置为 Paint（见图 8-4）。我们将首先对建筑主墙体进行上色。点选方向和材质锁定（见图 8-5），开始对墙面铺底色。

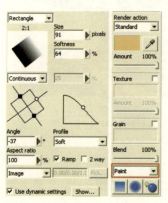

图 8-4　画笔设置

图 8-5
打开材质和方向锁定

对于几个视觉位置重要和面积较大的界面，一定要把它们的明暗变化夸张地予以表现，因为明暗的美感在于变化。

在拾色器中选择一个较深的褐色，适当降低 Blend 的数值，并将覆盖模式改为 Ink（见图 8-6），对墙面添加笔触。由于我们选用了 Ink 模式，交叉部分的颜色得到了叠加，这样就产生了接近马克笔的笔触效果（见图 8-7）。

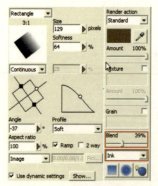

图 8-6　画笔设置

图 8-7　为墙面上色

在拾色器中选择一个灰色，将覆盖模式设置为 Ink，适当调整笔宽（见图 8-8），对另一面墙体进行铺色（见图 8-9）。

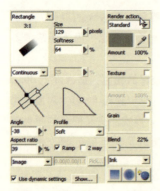

图 8-8 画笔设置

图 8-11 去除玻璃上的灰色

图 8-10 设置颜色与覆盖模式

在拾色器中选择一个较浅的灰蓝色,为玻璃铺上基本的底色(见图 8-12)。

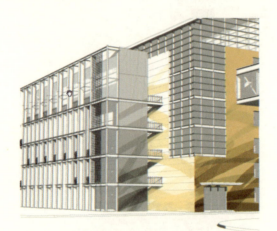

图 8-9 为另一面墙体上色

1.3 表现主体玻璃幕墙

对于玻璃的刻画要从三个方面加以考虑:一是用笔的方向要有意识地顺着玻璃面的垂线方向,以强调反射的效果,但要把握好一个度,不然会显得机械呆板;二是要表现天光的颜色;三是色彩的明度深浅要有变化,亮色是由于玻璃上面照射光的反射,暗色是照射光在室内形成暗部和阴影通过玻璃透射出来的效果以及周围环境的反射。当然应视不同的画面需要,深色与浅色的面积比例有所变化。为了突出材料的质感,明暗和色彩的处理应有一定的夸张。

在拾色器中选择白色,覆盖模式设置为 Paint(见图 8-10),按照画面效果的设想去掉大部分玻璃上的灰色投影(见图 8-11)。

图 8-12 为玻璃铺上底色

调整画笔颜色和覆盖模式(见图 8-13),画出玻璃的暗部层次(见图 8-14)。

图 8-14 画出玻璃层次

图 8-16 为前部玻璃上色

图 8-17 添加玻璃高光

1.4 表现建筑辅助部分

调整画笔的方向（见图 8-18），在拾色器中选择一个灰蓝色，选用 Ink 覆盖模式，对廊桥处的玻璃进行上色（见图 8-19）。

图 8-13 设置颜色与覆盖模式

调整画笔设置，选择一个灰色，选用 Ink 覆盖模式，对幕墙框架部分进行上色（见图 8-15）。同时对幕墙的玻璃和金属框架部分进行上色，是为了能及时观察两者的色彩和明暗关系。

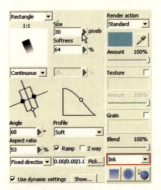

图 8-18 画笔设置

图 8-15 为幕墙框架上色

用相同的方法，对前部的玻璃材质进行上色（见图 8-16）。注意前部玻璃的高光部分留白与不同受光条件下玻璃的明暗对比（见图 8-17）。

图 8-19 为廊桥处玻璃上色

在拾色器中选择一个非常浅的蓝色，将覆盖模式调整为 Paint 模式，添加廊桥处玻璃的高光（见图 8—20）。

图 8—23
选择单面锁定

图 8—24　为钢结构添加高光

图 8—20　添加高光

图 8—25
打开材质与方向锁定

图 8—26　添加层次

在拾色器中选择一个灰色，选用 Ink 覆盖模式（见图 8—21），对廊桥处的钢结构进行上色（见图 8—22）。选择单面锁定（见图 8—23），在该锁定模式下，我们能非常方便地为钢结构添加明晰的高光（见图 8—24）。切换回材质与方向锁定（见图 8—25），为钢结构添加层次，以表现出金属的质感（见图 8—26）。

使用同样的方法对前部的钢结构进行上色（见图 8—27）。

图 8—21　设置颜色与覆盖模式

图 8—22　为钢结构上色

图 8—27　为前部钢结构上色

关闭所有锁定，选择一个较浅的颜色，将覆盖模式设置为 Paint，使用点缀的方法在玻璃面上添加室内灯光表现（见图 8—28）。

图 8—28　添加室内灯光

打开单面锁定和材质锁定，为钢丝网状物添加高光（见图 8—29）。

图 8—29　为钢丝网状物添加高光

在拾色器中选择一个非常浅的蓝色，调整为 Paint 覆盖模式（见图 8—30），对前部的玻璃进行调整，以表现出迎光面的高反射效果（见图 8—31）。

图 8—31　调整前部玻璃

图 8—30　设置颜色与覆盖模式

在确定画面几个主要用色后，应将注意力集中于它们的明度变化，过多的色彩变化反而使画面整体效果显得没有主色调。

1.5　细部刻画

打开单面锁定和材质锁定，使用 Ink 覆盖模式，在拾色器中选择深灰色（见图 8—32），画出建筑物上面的阴影（见图 8—33）。

图 8—33　表现建筑物阴影

图 8—32　设置颜色与覆盖模式

在拾色器中选择一个较浅的暖粉色，设置画笔为 Paint 覆盖模式，为雨棚下的入口玻璃上色，用以表现室内灯光透出的色调（见图 8-34）。调整颜色，继续为入口处玻璃门添加细节，表现环境反射，并加深阴影（见图 8-35）。

图 8-37 为周边建筑添加细节

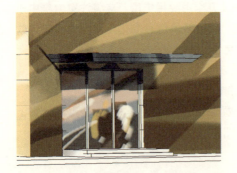

图 8-34 表现玻璃透射出的室内色调

1.6 绘制天空背景

仅打开单面锁定，在拾色器中选择一个较浅的灰蓝色，将覆盖模式调整为 Paint（见图 8-38），调整画笔大小，绘制背景天空（见图 8-39）。

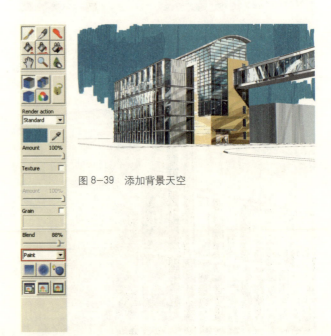

图 8-39 添加背景天空

图 8-35 入口玻璃门的刻画

为周边建筑上色，注意整体画面的协调性，与建筑主体之间的关系（见图 8-36、图 8-37）。

图 8-38 设置颜色与覆盖模式

调整画笔设置（见图 8-40），使用一个较深的颜色绘制出天空的层次和细节（见图 8-41）。

图 8-36 表现周边建筑

图 8-41 继续绘制天空

图 8-43 调整画布大小

打开先前保存的消隐线条图,在 Painter 中用钢笔工具绘制一些配景(见图 8-44)。

图 8-40 设置颜色与覆盖模式

这样我们基本完成了大体铺色和细节表现(见图 8-42)。选择 File>Export,导出 jpg 文件。我们将在 Painter 中进行进一步创作。

图 8-44 使用钢笔画笔绘制配景

将配景图层合并到原图纸中(见图 8-45)。

图 8-42 完成主体绘制

2. 在 Painter 中进行后期处理

2.1 在 Painter 中的准备

在 Painter 中打开刚保存的 jpg 文件。适当调整画布大小(见图 8-43)。

图 8-45 将配景合并到原图

2.2 画面调整

选择 Pastels 画笔中的 Square Soft Pastel 30 笔刷，如图设置参数，将 Grain 的值调到最高，这样画笔的肌理效果将被降低到最低，使笔触更接近马克笔的效果（见图 8-46）。

图 8-46　设置 Pastels 画笔

由于画布大小的改变，我们需要对天空进行一些延展，以表现马克笔轻盈的风格，作画时需对画笔的 Opacity 进行适时的调整（见图 8-47），以形成马克笔的用笔特色（见图 8-48）。

图 8-47　调整画笔透明度

图 8-48　延展天空

选择 Pen 画笔中的 Smooth Ink Pen 笔刷，如图设置参数（见图 8-49），调节画笔大小，在一个新建的图层上为路面铺上底色（见图 8-50）。

图 8-49　设置 Pen 画笔

图 8-50　为路面上色

建立一个新的图层，将层属性设置为 Multiply，选择 Calligraphy 画笔中 Thin Smooth Pen10 笔刷，设置参数（见图 8-51）。为路面添加倒影（见图 8-52）。

图 8-51　设置 Calligraphy 画笔

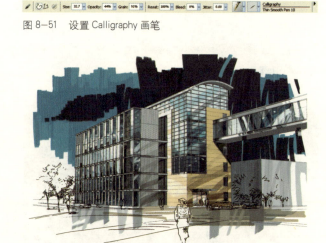

图 8-52　添加路面倒影

创建一个新的图层，选择 Pen 画笔中的 Smooth Ink Pen 笔刷，设置参数（见图 8-53）。添加路面细节，以表现路面的明暗变化（见图 8-54）。

图 8-53　设置 Pen 画笔

图 8-54 添加路面细节

图 8-57 Pen 画笔

图 8-58 Pen 画笔效果

在此前的步骤中，笔者主要用了三种 Painter 的画笔来产生马克笔的效果，它们的特点表现在哪些方面呢？在此作一个简单的比较分析：

Pastels 画笔的 Square Soft Pastel30 笔刷（见图 8-55），当调低其透明度至 30%，这种笔触的横向透叠部分具有马克笔的透明效果，它的纵向笔端的衔接较为含蓄（见图 8-56）。

Calligraphy 画笔的 Thin Smooth Pen10 笔刷（见图 8-59），是一种书法画笔，改变用笔的方向即能控制笔触的大小变化。调低该画笔的透明度，可以发现其肌理效果不如马克笔体现出那种流畅的感觉（见图 8-60），因此，仍以较低的透明度用笔，改变作画所在图层的属性为 Multiply，同样可以产生笔触透叠的效果，在本实例中即采用了此种方法。

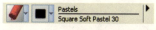

图 8-55 Pastels 画笔

图 8-59 Calligraphy 画笔

图 8-56 Pastels 画笔效果

图 8-60 Calligraphy 画笔效果

Pen 画笔的 Smooth Ink Pen 笔刷（见图 8-57），只要略微调低其透明度，就能够产生马克笔透叠的笔触效果，将透明度分别设置为 40% 和 80% 时，这种画笔较宜使用在反映马克笔特点的部分（见图 8-58）。

当然 Painter 中的画笔是丰富多样的，不同的画笔属性搭配亦可表现出类似的效果。读者也可通过自己的尝试和喜好来组合出自己风格的画笔效果。

2.3 配景描绘

新建一个图层，在新的图层上绘制配景。

使用上述画笔绘制树木配景（见图 8-61）。

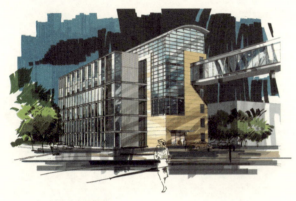

图 8-61 绘制树木配景

使用 Pen 画笔下的 Ballpoint Pen 1.5 笔刷，为配景添加高亮细节（见图 8-62）。

图 8-62 为配景添加高光

使用同样的方法为其他配景上色（见图 8-63）。

图 8-63 为其他配景上色

使用 Pen 画笔下的 Ballpoint Pen 1.5 笔刷，添加配景高光（见图 8-64）。

图 8-64 为配景添加高光

将颜色调成白色，刻画建筑的界面转折（见图 8-65）。注意不要遗漏栏杆的细节表现（见图 8-66）。

图 8-65 表现建筑界面转折

图 8-66 添加栏杆细节

重点刻画细节，也要有所放弃，这样就形成了一种对比，况且马克笔的笔触也是画面细节的一部分。每一种画面的形式有它自己细节的表达方式，过多的视觉信息起到的作用可能是相反的。

　　最终效果见图8-67。

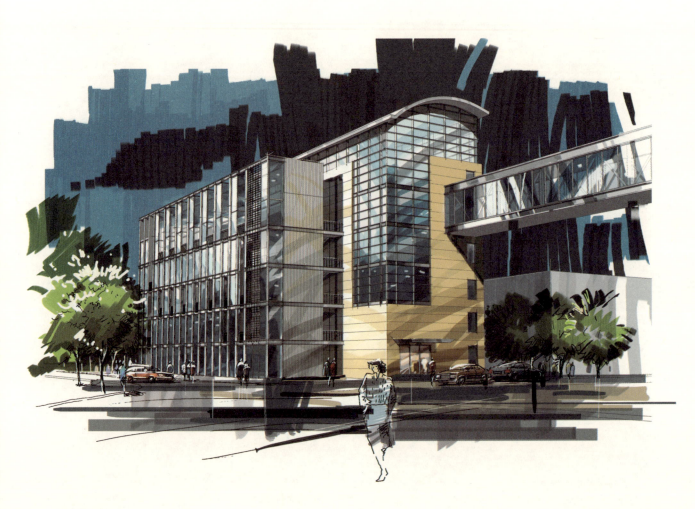

图8-67　最终效果

第九章　实例解析八

内容复合表现

- 形式的分析
- 所选用方法的分析
- 作画的主要步骤
- □ 素材准备
- 平面图素材
- 透视图素材
- 立面图素材
- □ 后期合成
- 在 Photoshop 中进行复合
- 在 Painter 中深化

一、形式的分析

　　画面的形式构成除了点、线、面、色彩和肌理等因素以外，其本身的内容也是非常重要的一个方面。将一张报纸和一幅画放在一起比较，就会感受到两种截然不同的形式体验。因此，决定在一张画面里用什么内容去表现建筑也是画面形式创造的重要步骤。

　　由多个设计内容构成的复合建筑表现画中的建筑透视图只是整个画面中的一个图像元素，也许其中还包括设计的其他一些内容，如平面、立面和文字等。从内容上看，画面元素的增加易引起构成关系的复杂甚至元素之间的相互冲突。但也正因为这些不同的内容，如能正确处理它们之间的"图与底"的关系并巧妙地组合这些内容就能够创作出新颖的复合形式。内容性的复合表现画的"图"的内容一般以三维的图形为主，因为三维的图形相比其他图形更具直观的效果，因此也容易吸引人的视线。为了进一步突出其视觉效果，可以从色彩和黑白的对比关系、图形外轮廓等方面进行处理，这样的处理对于整个画面的形式趋势也极为重要。至于"底"的内容，它们不应与"图"的内容争奇斗艳，而应起衬托的作用，它们的形式和效果的强度应从整体画面的效果来决定。在画面内容的组织上，规则的几何形更能吸引人的视线；有规律的排列容易形成秩序感，图形之间的秩序有助于诠释设计的意图，节奏和变化引发人的兴趣和联想；当画面的内容有主次不分的倾向时，添加色块、线条，强调画面构图和形式特征，或者减弱一些元素的表现力都是可选择的处理方式。正如一张富有感染力的绘画不仅应有主次之分，而且还要考虑抽象层面的点、线、面的构成关系。在内容性的复合表现画中，点、线、面的构成不仅仅是针对单个图形中的元素，更为关键的是从整个画面构成的内容角度来把握点、线、面的关系。"面"可以就是设计的图纸内容，也可以是在画面上起装饰作用的色块；"线"可以是设计图纸中的线，也可以是起画面装饰作用的线，同样可以是由一排说明文字所形成的线形元素。画面的精彩和精致不是完全由画面中某个内容的刻画的细腻决定的，还要取决于整个画面点、线、面的构成关系，画面的形式也与这种点、线、面的构成不无关系。

　　除了点、线、面的关系以外，构成内容性的复合表现画的画面主要关系还包括：元素外轮廓的对比关系、色彩的关系、明暗关系、个数关系以及疏密关系等。问题的关键不是孤立地处理这些关系就行了，而是要将它们整合成为一个有机的整体。要重点突出某些关系，确定它在画面整个结构秩序中所占的比重。就形式的创造而言，应有理性的掌控，更要抓住作画过程中的灵感显现，这样，才能使作品的效果更具艺术的感染力。

二、所选用方法的分析

　　使用 Sketchup 的 Style 效果对平面图进行处理，并使用 Sketchup 制作渲染底图和线框图等复合素材。挑选合适的背景图片以体现建筑风格所崇尚的古典精神。最终在 Photoshop 与 Painter 中对各种素材完成内容合成。

三、作画的主要步骤

1. 素材准备

1.1 平面图素材

　　使用 AutoCad 打开平面 dwg 文件。首先对平面文件进行整理。将不需要的图层关闭。新建一个空的 dwg 文件，将整理后的 dwg 图形复制到这个文件中，保存文件（见图 9-1）。

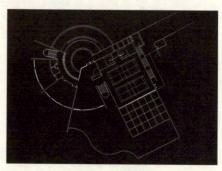

图 9-1　保存整理后的 dwg 文件

打开 Sketchup 软件，点击 File（文件）>Import（导入）。在弹出的对话框中，选择刚才保存的 dwg 文件。点击 Option（选项）按钮，在弹出的对话框中选择将单位调整为 Millinmeter（毫米），点击 OK 确认（见图 9-2）。

图 9-2　导入 dwg 文件

点击 Top（顶视图）按钮，并点击 Camera（相机）>Parallel Projection（平行投影显示），切换到平面图样式。点击 Window（窗口）>Styles（风格），在下拉菜单中选择 Sketchy Edges（草图边线）组。在下方的窗口中，选择 Sketch Classic Sketchup（Sketchup 经典草图）样式。此时图形也变成了相应的样式（见图 9-3）。切换到 Edit（编辑）标签，选择 Edge Settings（边线设置），取消 Profiles（轮廓）选项，同时将 Extension（延长线）的值调节为 6（见图 9-4）。这样我们就得到带有草图风格的平面图了（见图 9-5）。

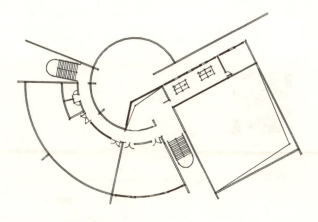

图 9-5　平面图效果

最后点击 File（文件）>Export（导出）>2d Graphic（2D 图像），选择 jpg 格式，导出图像。

1.2　透视图素材

我们将使用第二章中方法，使用 Sketchup 和 V-Ray 渲染图复合的方法来准备透视图素材。

首先设定一个透视角度。在这里我们选择一个较低的人视角度。整体画面有一个比较强的向外辐射感，以符合后期复合的画面要求。调节完角度后，点击 View（查看）>Animation（动画）>Add Scene（添加页面）来添加一个相机页面（见图 9-6）。

图 9-6　创建相机页面

建立 V-Ray 关联材质，这里我们只建立玻璃的关联材质。打开 V-Ray 材质窗口，右键单击 Scene Materials>Add Material>Add V-Ray Linked Mtl。在弹出的菜单中选择 Glass。调整 Reflection 的颜色，并在材

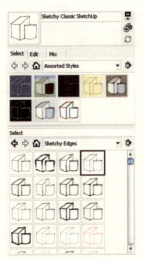

图 9-3　设置 Style 样式

图 9-4　线条参数设置

料窗口中调节玻璃的颜色，使其饱和度不要太高（见图 9-7）。

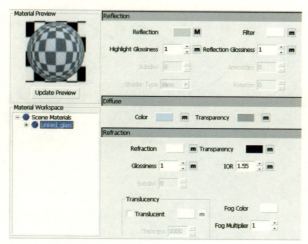

图 9-7 设置玻璃材质

隐藏原来的地面模型，在建筑底部位置创建一个 V-Ray Infinite Plane 作为地面（见图 9-8）。

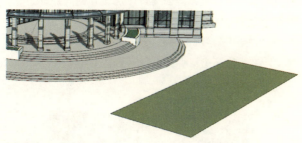

图 9-8 创建地面

创建灯光，和前面实例一样，我们不使用 V-Ray 内置的日照系统和物理相机，而是使用一盏泛光灯来模拟日光效果。在右上角建立一个泛光灯，设置参数（见图 9-9）。打开渲染选项面板，在 Environment 栏中打开 GI 选项，调节一个较冷的颜色，用来模拟天空光效果。点击 M 按钮，关闭 Sky（见图 9-10）。

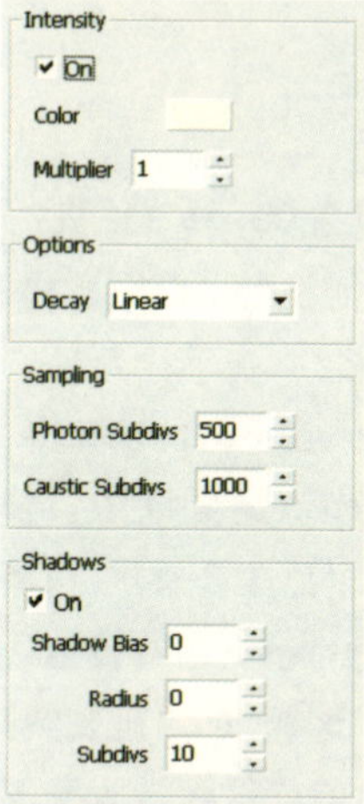

图 9-9 设置主光源

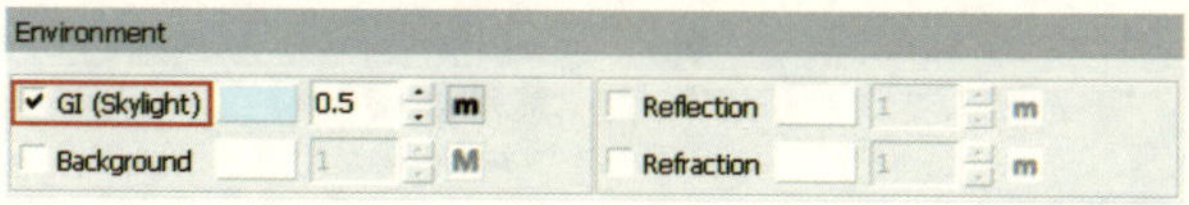

图 9-10 设置环境光

在渲染选项面板中，点击 File>Load 载入在前几章中设置的 Low 参数文件进行测试渲染。根据渲染的效果适当调节灯光的亮度和环境光的亮度。最后用同样的方法载入 High 参数文件进行最终的渲染。需要注意的是，载入的参数文件将包含 Environment 中的参数，所以我们需要把 Environment 里的值调回刚才的设置。这里我们并不需要太苛求渲染的效果，在后面的复合中我们将根据整体效果要求对图像进行进一步的加工（见图 9-11）。

图 9-11 渲染透视图

下面我们来准备透视线条图。保持渲染时使用的相机页面不变，点击 Window（窗口）>Styles（风格），在下拉菜单中选择 Straight Lines（直线）组。在下方的窗口中，选择 Straight Line 01pix（01 像素直线）样式（见图 9-12）。切换到 Edit（编辑）标签，选择 Edge Settings（边线设置），取消 Profiles（轮廓）选项。同时将 Level of Detail（细节层次）的滑竿移到最高。File（文件）>Export（导出）>2d Graphic（2D 图像），选择 jpg 格式，导出图像（见图 9-13）。

1.3 立面图素材

打开 Sketchup 文件，点击 Back（后视图）按钮，并点击 Camera（相机）>Parallel Projection（平行投影显示），切换到立面图样式。将显示模式切换为消隐线。点击 File（文件）>Export（导出）>2d Graphic（2D 图像），选择 jpg 格式，导出图像（见图 9-14）。

图 9-14 导出立面图

2. 后期合成

2.1 在 Photoshop 中进行复合

打开 Photoshop 软件，按住 Ctrl 键在空白处双击，新建一个宽度为 4000 点像素，高度为 3000 点像素的空白图像（见图 9-15）。首先我们需要对整个图面的构成有一个初步的构想。如何将准备的素材有机地复合在一起，这里已不仅仅是作画形式上的复合，更是内容上的复合表现。

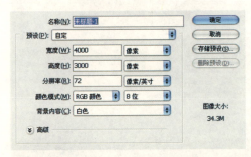

图 9-15 新建画布

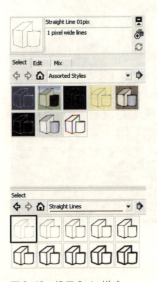

图 9-12 设置 Style 样式

图 9-13 调整线条效果

基本构图：首先打开准备好的透视渲染图和透视消隐线图。删除透视渲染图的地面部分，按住 Shift 将消隐线图原位拖动到渲染图中。将消隐图的图层混合样式修改为 Overlay，产生线框描边效果（见图 9-16）。将整理后的合成透视图移动到画布中。此时，我们将该透视图作为整个图面的中心，调整图像在画布中的位置和大小。使用套索工具选择透视图下方部分，并使用黑色填充（见图 9–17）。打开一张事先准备好的背景图像，将其合并到透视图的上方位置作为背景。这样我们基本完成了图面的基本框架（见图 9–18）。

图 9–16　复合透视图与消隐线框图

图 9–17　选择填充

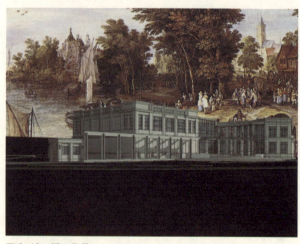

图 9–18　插入背景

调整透视图：由于我们表现的是一个古典风格的会所，因此我们将整体风格设定为庄重而有厚重感，并能突出古典的气息，这从我们选择的背景图中也能

有所反应。当图形的位置或背景的色彩与明暗改变时，这个图形便有了新的意义，至少强调了它原来的含义。首先我们来调整透视图，选择渲染图所在图层，点击图像＞调整＞亮度／对比度。调高图像的亮度和对比度，尤其是对比度，这里我们不是追求渲染的真实程度，而是需要突出强调表现建筑亮面与暗面的强烈对比，配合覆盖上的建筑轮廓线，来展现一种清晰生动的表现效果。点击图像＞调整＞色相／饱和度，适当增加透视图的饱和度并调整色调，以达到一种略带夸张的效果（见图 9–19）。

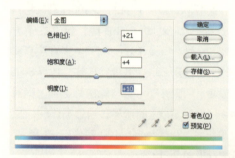

图 9–19　调整透视图色调

调整背景色调：虽然我们选择了一张与整体风格比较相近的背景图片，但是背景过于丰富的颜色使得前景中需要突出的透视图显得平淡了。因此我们选择对背景进行处理，在保持其画面风格的同时减弱其画面的色彩效果。选择背景所在图层，点击面板下方的

调整图层按钮，在面板中选择色相／饱和度。在弹出的对话框中，首先勾选右下角的着色，这样我们的图像就会变成单色的了。然后调节色相滑竿，选择一个浅褐色的色调，以符合整体的风格特点（见图9-20）。这种方法的好处在于，我们可以随时调整色相而不会影响到原来的图像，并且随时可以取消。当然我们也可以直接点击图像＞调整＞色相／饱和度来调整。但是其灵活性就不如调整图层的方式了。

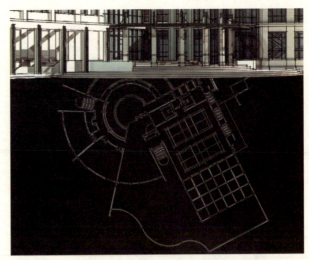

图9-21 插入平面图

图9-20 调整背景图色调

其他素材复合：打开平面素材文件，使用魔棒工具选择白色部分，然后按住Ctrl+Shift+I反选，将选择的线框移动到画布中（见图9-21）。由于线条本身是黑色的，因此与黑色的背景融合在了一起。点击图像＞调整＞亮度／对比度，将亮度值调高，同时减低对比度值。将平面图移动到透视图下方相对应的位置（见图9-22）。打开立面素材文件，用同样的方法将立面移动到画布中并调整亮度和对比度。将立面移动到画布的左下角，此时立面图和平面图的线框颜色都为浅灰色，这样画面就缺乏了一种层次感。选择立面图层，点击图像＞调整＞色相／饱和度，将立面图线框调整为浅褐色。并在立面图底部添加相同颜色的粗线，强调边界的关系（见图9-23）。这样平面图和立面图之间就有了层次感。最后将准备好的文字素材添加到画布中，并将文字的颜色也改为浅褐色（见图9-24）。在本实例中，透视图中的斜线和平面图形成的线的张力会聚于建筑的入口处，显而易见，这种共有某个方向的图形之间易构成一个有机整体。

图9-22 调整平面图

图9-23 调整立面图

图 9-24 插入文字

图 9-25 延伸透视线

一般来讲，在以多个内容复合的建筑表现画的制作过程中，除了要使其中的透视主体具有特色以外，图形之间的形式要注意搭配，应从画面大的形式关系角度去处理单个元素的形式和它们之间图形张力关系以及图底关系，可以通过色彩和内容元素的外形处理来区分它们之间的层次关系。

整体效果调整：此时图面构成已基本完成，我们基本是通过面与色彩的变化来丰富效果，但是画面还缺乏一些张力。因此我们还需要通过线来加强这种画面的张力。选择透视图消隐线图层，截取一段需要延伸透视方向的线条，按住 Ctrl+J 新建图层。切换到新建的图层，按住 Alt 键复制延长，完成一个方向上线的延伸（见图 9-25）。用同样的方法完成其他线条的延伸。选择这些线条，调整它们的亮度与对比度。点击图层栏下的蒙版按钮为这些线添加一个蒙版。选择新建的蒙版，使用画笔工具减弱一些线条的深度，使线条更为自然（见图 9-26）。这样画面就更具张力了。复制一个透视线框图层，将其移动到透视图上方，调整图层透明度，增加画面的层次和纵深感（见图 9-27）。新建一个图层，用套索工具选择透视图下方平面图上方区域。选择浅褐色，使用渐变工具填充该区域（见图 9-28）。点击滤镜＞杂色＞添加杂色，在弹出的对话框中选择高斯模式,勾选单色,并将半径设置为 10（见图 9-29）。完成后将文件保存为 psd 格式。

图 9-26 增加建筑形体透视延伸线并调整效果

图 9-27 复制线框图

图 9-28 选择填充区域

具通过手绘的方式对图像进行处理，因此能得到更加自然的过渡效果。经过局部的处理，背景图和前方透视图的关系已经更加明晰了（见图 9-33）。

图 9-30 加深局部背景

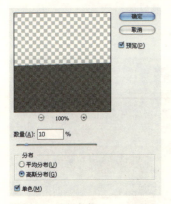

图 9-29 添加杂色

图 9-31 减淡局部背景

2.2 在 Painter 中深化

下面我们将运用 Painter 的手绘画笔功能对背景图像进行进一步调节。

在 Painter 中打开刚才保存的 psd 文件。从整个图面上来看，背景图与下方透视图交接的地方明暗关系的对比不够强烈，使得前方建筑主体不够突出，因此我们需要对这个部位进行处理。在图层面板中选择背景图像所在的图层，右键选择 Duplicate 复制该层。将图层关闭作为备份，选择刚刚复制的图层。点击画笔工具，在右上角的类型中选择 Photo 画笔下的 Burn 加深笔刷。对图像的中心位置进行涂抹，用以加深该部分的图像（见图 9-30）。切换到 Dodge 减淡笔刷，对透视图暗部上面的背景图像进行减淡处理（见图 9-31）。在使用 Burn 笔刷加深时，局部背景图中的人物显得过于突兀了。因此我们使用 Chalk 画笔下的 Tapered Large Chalk 20 笔刷，拾取图像中的深色作为当前色，对此区域进行涂抹，弱化该处的背景细节（见图 9-32）。由于我们使用了画笔工

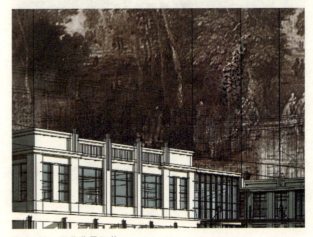

图 9-32 弱化背景细节

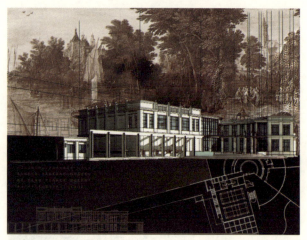

图 9-33 背景处理后的效果

处理完背景图后，原先深色的透视延伸线效果已经不够明显。因此我们需要对部分线条进行提亮，以加强线条和背景之间的对比。选择延伸线所在图层，使用 Dodge 减淡笔刷对部分线条进行减淡提亮处理（见图 9-34）。

图 9-34 将透视线提亮

此时，我们发现背景图和透视的交接还不够生动，因此我们还需要对交接的部分进行进一步深化，使得背景图像和前景的连接更为精彩。

点击画笔工具，选择 Pastels 油画笔下的 Square Soft Pastel 10 画笔，选择一个深灰的颜色，适当调节透明度。在背景图层蒙版激活的情况下沿着上下方向随意加上几笔。再次调节透明度以及 Grain 值，用以表现画笔在图面上的质感（见图 9-35）。运用蒙版调节明暗和添加笔触的便利之处在于，如发觉效果不够理想，可以在蒙版上使用白色画笔加以恢复。这样背景图像与透视图之间就有了很好的过渡和延伸，同时也具有绘画艺术的个性感觉。

图 9-35 添加过渡

最终效果如图（见图 9-36）。

虽然画面的内容丰富，但下面部分的黑色与深褐色的色块使得整体结构和视觉效果趋于简洁。通过这些色块使得平面、立面文字形成一体化，对这些元素不作过多的处理，并将立面和文字的色彩处理成浅褐色，也是为了突出强调透视图作为画面视觉中心的作用。

在本实例中，内容的复合不仅使设计的诠释更加全面，而且通过这些元素的组合改变了日常人们审视一般建筑表现画的预期，这样就使画面形式具有新颖的视觉感染力，让人产生更多的联想。

对于建筑表现画的创作，重视表现技法上的创新，对于突出它的形式感染力是一个非常重要的环节。通过上述多个实例的解析，我们可以看到，在计算机这个主要工作平台上面将多种作画方法以及软件进行综合运用，可以创作出以往那些建筑画的经典形式。由于在一定的程度上包含了绘图软件的元素内容，这使得它们从某种意义上讲又具备了新的特色。即使有的形式用现实的具体工具创作是一种味道，当换成计算机的软件工具绘制时可能产生另一种趣味，并且可以创造出现实具体的工具难以达到的形式效果。计算机的功能不能替代对形式的想象，但它的功能能够使有些想象成为现实；当有了形式的想象，才能启发技巧的运用，并在这个基础之上促使新的形式创造。计算机为我们提供了新的作画手段，但我们没有理由满足于现成的成果，没有理由不通过自己的努力使建筑表现画上一个新台阶，也没有理由不通过形式的创造来反映建筑表现画作所具有的艺术特性。

图 9-36　最终效果

后 记

　　当代计算机的绘图软件已经发展到令人惊羡的程度，但是设计创新性的目标促使我们探索用另外一种思路进行建筑表现画的创作，即将手绘的一些表现形式融入电脑表现画中，以及借助于软件本身所形成的不同的图像素材，通过对它们关系的复合重构，创造形成了一些被笔者称作为复合的表现画。复合建筑表现画不是一种表现形式，它是一种作画的方法，她的形式是依赖于作者对于绘画形式的理解和对形式的想象力，其形式的多样性是不容置疑的。与一般的电脑效果图的绘制过程相比较，它更加需要作者主观能动地控制绘图软件。虽然我们在本书中尝试着在复合建筑表现画中注入手绘的因子，但它最为重要的实践意义是通过不同的绘画因素的融合，探索形式创造的可能性。与此同时，试图以我们的点滴成果拓展当代电脑表现画的形式，而实际上，这种包含个性化色彩的复合建筑表现画也是在当今设计市场上令人期待的。

　　一种表现方法是否具有生命力，关键要看其操作的可行性，复合建筑表现就具备这个特点。首先，它能充分利用目前电脑效果图的成果，避免了原先纯手绘操作过程中繁琐的刻、印底稿的工作；第二，它易修改，比真正的手工作业更加简便；第三，因为修改方便，它更能促使作者不断进行新形式的创造，从而享受创造所带来的乐趣。复合建筑表现是传递设计信息的重要手段，更重要的是其背后所包含的设计师的审美层次和创新精神。追求艺术趣味是每个设计师应具备的基本素质。反过来，这种审美观和创新精神通过建筑表现的锤炼进一步促使设计师设计素质的提高。

　　当我们进入电脑时代，当计算机能提供多种方式和方法的时候，我们不能仅仅满足软件所固有的形式生成功能或者业界程序化操作似乎能被广泛接纳的那几种表现模式，再好的形式总会有审美疲劳的那一天。表现形式的多样性，与新技术相结合的表现形式才更加具有生命力。

　　在本书的选题和写作过程中，一直得到中国建筑工业出版社徐纺编辑的鼓励和支持，在此表示衷心的感谢！

　　我们也要感谢澳大利亚帕莱登建筑景观设计咨询有限公司（PCAL）的总经理张建卿先生无偿提供了精彩的插图，为本书的出版增色生辉！

　　本书写作的具体分工为：阮忠负责总体框架结构和内容安排，撰写了绪论、第三章、第四章、第五章、第六章、第七章、第一章的第一节、第三节和第二节中的第2小节；严律己撰写了第二章、第八章、第九章、第一章第二节中的第1、第3和第4小节。

　　由于作者水平有限，时间仓促，在文中的有关问题的论述难免存在谬误，恳请同行批评指正！

参考书目

[1] 苏珊·朗格. 艺术问题[M]. 滕守尧, 朱疆源, 译. 北京: 中国社会科学出版社, 1983.

[2] 鲁道夫·阿恩海姆. 艺术与视知觉[M]. 滕守尧, 朱疆源, 译. 北京: 中国社会科学出版社, 1984.

[3] (法)米盖尔·杜夫海纳. 美学与哲学[M]. 孙非, 译. 陈荣生, 校. 北京: 中国社会科学出版社, 1985.

[4] 苏珊·朗格著. 情感与形式[M]. 刘大基, 傅志强, 周发祥, 译. 北京: 中国社会科学出版社, 1986.

[5] Robert Descharnes/Gilles Néret Benedikt. DALI. Taschen, 1994.

[6] 新形象出版公司编辑部. 魏斯水彩画专集——安德鲁·魏斯的两个世界[M]. 新形象出版事业有限公司, 1991.

本书插图除特别署名外均由作者提供。

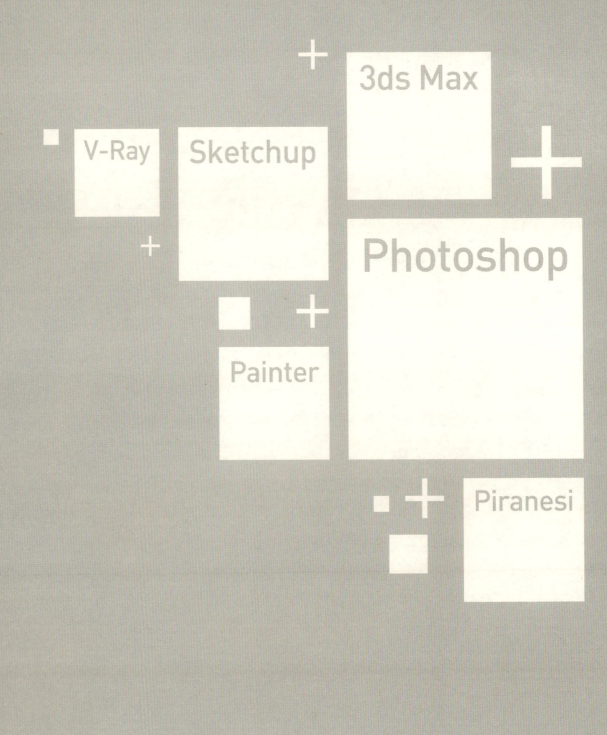